豆浆蔬果养生随手查

DOUJIANG YANGSHENG SHUGUO SUISHOUCHA

随手查

U0353820

瑞雅○编著

海峡出版发行集团
THE STRAITS PUBLISHING & DISTRIBUTING GROUP
福建科学技术出版社
FUJIAN SCIENCE & TECHNOLOGY PUBLISHING HOUSE

图书在版编目（CIP）数据

养生豆浆米糊蔬果汁随手查 / 瑞雅编著 . —福州：
福建科学技术出版社，2015.2

ISBN 978-7-5335-4711-0

Ⅰ.①养… Ⅱ.①瑞… Ⅲ.①豆制食品 – 饮料 – 制作
②果汁饮料 – 制作③蔬菜 – 饮料 – 制作 Ⅳ.① TS214.2
② TS275.5

中国版本图书馆 CIP 数据核字（2014）第 307549 号

书　　名	养生豆浆米糊蔬果汁随手查
编　　著	瑞雅
出版发行	海峡出版发行集团
	福建科学技术出版社
社　　址	福州市东水路 76 号（邮编 350001）
网　　址	www.fjstp.com
经　　销	福建新华发行（集团）有限责任公司
印　　刷	福建彩色印刷有限公司
开　　本	700 毫米 × 1000 毫米　1/32
印　　张	10
图　　文	320 码
版　　次	2015 年 2 月第 1 版
印　　次	2015 年 2 月第 1 次印刷
书　　号	ISBN 978-7-5335-4711-0
定　　价	22.80 元

书中如有印装质量问题，可直接向本社调换

目录

CONTENTS

第五篇 喝健康饮品，让你远离亚健康

节气不同，
饮品也不同 / 226

第六篇 营养饮品也分年龄和时期

健康饮品益于各年龄段 / 276

第一篇

全解豆浆米糊蔬果汁

豆浆好滋味

豆浆营养揭秘

豆浆的来源——豆类

豆类营养价值很高，一直是我国传统食物中不可缺少的重要组成部分。《黄帝内经·素问》中说："五谷宜为养，失豆则不良。"民间更有"每天吃豆三钱，何需服药连年"的谚语。

根据营养成分及其含量的不同，豆类可分为两种：大豆类，如黄豆、青豆、黑豆等；其他豆类，如绿豆、红豆、豇豆、扁豆、刀豆、蚕豆等。

现代营养学研究证明，豆类是唯一能与动物性食物相媲美的高蛋白、低脂肪食物。豆类几乎不含胆固醇，是中国人补充蛋白质和矿物质的最佳食物来源。豆类中所含的不饱和脂肪酸可以预防高血压、冠心病等疾病。每天适量食用豆类食物，可增强免疫力。

需要指出的是，如果将五谷杂粮搭配制成豆浆，就可将人体中最需要的多种重要营养元素积聚在一起，更有利于人体全面吸收各种营养。

豆浆是藏着的黄金营养素

●蛋白

大豆类食物所含的高蛋白属于优质植物蛋白，是血脂异常者、胆固醇超标者、肥胖者摄取蛋白质的最佳选择。若按蛋白质含量来计算，1杯豆浆（350～400毫升）相当于25克的牛腱子肉。

●异黄酮

大豆异黄酮具有抑制和协同的双向调节雌激素的作用：当人体内雌激素水平偏低时，可提高体内雌激素水平；当人体内雌激素水平过高时，可降低体内雌激素水平。另外，大豆异黄酮还能缓解女性更年期综合征的部分症状。

● 矿物质

大豆类食物中含有钙，铁、镁、磷等多种矿物质。其中的钙能有效预防骨质疏松症的发生；铁能预防缺铁性贫血；镁能缓解神经紧张、情绪不稳等状况；磷则能维持牙齿和骨骼的健康，对人体健康非常有利。

● 膳食纤维

大豆中含有丰富的膳食纤维，而膳食纤维具有以下几种作用：调节血脂；降低胆固醇；预防冠心病；促进胃肠蠕动，减少食物在肠道中停留的时间，可以预防便秘；预防胆结石的形成；降低血糖的含量；减少机体对热量的摄入；预防肠癌、乳腺癌等疾病。

● 卵磷脂

大豆卵磷脂的主要作用有：延缓人体衰老；有效降低血脂和胆固醇；保护肝脏，预防脂肪肝；提高学习和工作效率等。

●低聚糖

大豆低聚糖是大豆类食物中所含可溶性碳水化合物的总称,具有通便洁肠、促进肠道内双歧杆菌增殖、降低血清胆固醇的作用。

●皂素

大豆皂素具有防癌、抗衰老、抗氧化的作用,可增强人体免疫力,并抑制癌细胞的生长。科学研究证实,大豆皂素对多种癌细胞都有抑制作用。

●不饱和脂肪酸

不饱和脂肪酸是一种较为健康的脂肪酸,具有降低血液黏稠度、降低胆固醇、改善血液微循环的作用,可预防血脂异常、高血压、糖尿病、动脉粥样硬化、心脑血管疾病等病的发生。

制作豆浆有诀窍

购买制作工具——豆浆机

●安全系数

豆浆机要符合国家安全标准,必须带有安全认证标志等。挑选时还应检查豆浆机的电源插头、电线等是否有缺陷。

●购买场所

市场上豆浆机的品牌众多，选择到信誉度较高的大型商场或超市购买，这样可以保证产品的质量，售后服务也会有保证。

●功用

最好选择能打干豆的全自动豆浆机，不需要泡豆，且出浆速度较快，20分钟左右即可做出豆浆。如不忙碌，也可选择只能打泡豆的全自动豆浆机。这种豆浆机价格相对比较便宜，且刀片不易磨损。

●容量

可以根据家庭人口的数量来决定所要购买豆浆机的容量。比如，1~2人宜选择800~1000毫升的；3~4人宜选择1000~1300毫升的；4人以上宜选择1200~1500毫升的豆浆机等。

●刀片

好的刀片应该具有一定的倾斜角度，旋转后不仅能彻底碎豆，而且甩浆有力，可

● 豆浆机和榨汁机工作原理不同，要想喝到香浓的原汁豆浆，最好使用专门的豆浆机。

以将豆中的营养充分释放出来。

豆浆机使用技巧

◎ 要及时将豆浆机的电热器、防溢电极和温度传感器清洗干净。

◎ 使用豆浆机时，要确保豆浆机与插座保持一定的距离，既要让插头处于可触及范围，又要使豆浆机远离易燃易爆的物品，同时，还应保证电源插座接地线接地良好。

◎ 在用豆浆机制作豆浆时，一定要记住安装拉法尔网，否则豆浆机在打浆过程中会溅出豆浆，容易导致烫伤。

◎ 要保证豆浆机的机头内不进水。

◎ 在取出或放入豆浆机的机头部分前，切记一定要切断电源。

◎ 使用豆浆机时，要按照说明书操作，并选择相应的工作程序，否则制作出的豆浆可能会无法满足口感等方面的要求。

◎ 若豆浆机的电源线损坏，应到豆浆机售后服务处购买专用电源线更换。

◎ 购买豆浆机时随机附送的过滤杯是过滤豆浆用的，制作豆浆时一定要从豆浆机杯体内取出来备用。

◎ 使用豆浆机时，要将豆浆机放在孩子不容易接触到的地方，以防发生意外。

◎ 制作豆浆时，要先将豆子或其他材料加入杯体内，然后再加水至上、下水位线之间。

◎ 在用豆浆机制作豆浆时，不要拔、插电源线插头并重新按功能键，否则可能会造成豆浆溢出或豆浆机长鸣报警。

◎ 将做豆浆的材料放入豆浆机杯体内时，应注意尽量均匀平放在底部。

◎ 如果在用豆浆机制作豆浆过程中停电，尤其是打浆后期至工作完成期间发生停电，就不要再按下功能键

● 正确掌握豆浆机的使用技巧，才能制作美味可口的豆浆。

进行工作，否则容易造成加热器糊管，导致打浆时豆浆溅出或引起豆浆机长鸣报警。

◎ 在制作好豆浆后，尤其是在制作好的豆浆冷却后，不要再二次加热、打浆，否则会造成糊管。

◎ 在打完豆浆后，要及时清洗拉法尔网以及豆浆机杯身、机头和刀片。

◎ 在拆卸豆浆机的拉法尔网时，一定要注意方法的正确性，以免发生意外。

自制豆浆工坊

步骤1 选豆

想要磨出口味醇正的豆浆，选择优质豆是最关键的一步。

选豆时，应选择颗粒饱满、大小一致、无杂色、无霉烂、无虫蛀、无破皮的优质豆（图①）。

另外，最好选择非转基因豆，因为这种豆子的蛋白质含量可超过42%，且富含多种营养。

步骤2 泡豆

用清水洗净豆子后，将其充分地浸泡，使豆软化，然后进行粉碎、充分加热及过滤，这样可以提高豆中营养的消化吸收率。干豆要用清水浸泡10～12小时才能泡得比较充分（图②）。可在晚上把豆泡上，待第2天早上制作豆浆。另外，选择能打干豆的豆浆机更为方便。

步骤3 制浆

制作豆浆时，要将浸泡好的豆子倒入豆浆机中，加入适量水，再放上机头，接通电源，按下功能键（图③、图④、图⑤），15～20分钟即可制好。如果喜欢口感细腻的豆浆，可用过滤网过滤。

步骤4 清洗

做好豆浆后，要及时将豆浆倒入容器（图⑥），并立即清洗豆浆机，以防剩余豆浆和豆渣粘在豆浆机的表面。清洗时，可用软布将豆浆机杯身、机头及刀片上的豆渣擦拭干净，然后用软毛刷子刷洗缝隙中的豆渣。但要记住，千万不能将

机头浸泡在水中或用水直接冲淋机头的上半部分，否则易使电源线受潮而引起短路。

步骤5 冷藏

每次打的豆浆最好一次喝完，喝剩下的豆浆要倒入密闭盛器中，放入冰箱冷藏（图⑦），饮用时需煮沸。但是，冷藏的豆浆也应尽快喝完，以防变质。

制作豆浆的要点

● 豆子要经过浸泡

经过浸泡的豆子，其营养的消化吸收率大大提高，而且其所含的微量黄曲霉素含量将有所降低。

● 用清水洗豆子

用泡豆的水做出的豆浆不仅有咸味、不鲜美，而且也不卫生，饮用后有损健康，所以，要倒掉浸泡豆子的黄色水，再用清水将豆子清洗几遍，这样才能做出好豆浆，并保证卫生和健康。

● 豆浆里不宜放鸡蛋

鸡蛋虽好，但在打豆浆时加入鸡蛋却会妨碍人体吸收营养。因为鸡蛋中的黏液性蛋白易和豆浆中的胰蛋白酶结合，产生不易被人体吸收的物质。

11

●掌握煮豆浆的火候

未煮开的豆浆对人体有害，因为其含有的皂素、胰蛋白酶抑制物对胃肠道会产生刺激，从而引起中毒症状。所以，若非使用全自动豆浆机，在豆浆煮沸后应继续加热3～5分钟，保证豆浆熟透，这样煮出来的豆浆对人体才是安全和健康的。

饮用豆浆需注意

众所周知，喝豆浆有益于身体健康，但只有饮用优质豆浆，才能起到滋养身体的作用。劣质豆浆不仅起不到保健作用，有时反而对身体健康有害。

好豆浆的标准

●洁净

环境卫生是制作好豆浆的基本条件。若非在家自己打豆浆，喝豆浆前，需要先观察操作人员的身体是否健康；豆子、水和器具是否干净；环境是否卫生，有无蚊蝇等疾病传染源；制浆流程有无卫生保障。

●新鲜

豆浆最好是现做现喝，在做好后2小时内喝完，夏季更应如此。如果对于豆浆的新鲜度没有把握，最好不要喝。

● 色泽

优质豆浆应为乳黄色，即乳白略带黄色，做好后倒入碗中有黏稠感，略凉时表面有一层豆皮，这样的豆浆浓度高、彻底熟透。反之，则为劣质豆浆。

● 浓稠

香浓豆浆应具有浓度高、口感好、营养易吸收的特点，能够满足追求高品质享受的消费需求；劣质豆浆则显得稀淡，有的通过使用添加剂来增强浓度，但口感差，营养含量也低。

饮用豆浆忌随意

● 不宜过多喝

喝豆浆不可过量，否则易出现腹胀、腹泻等症状。专家建议，每人每天喝250～300毫升豆浆为宜。

● 不宜空腹喝

空腹喝豆浆时，豆浆中的蛋白质大都会在体内转

● 喝豆浆时，搭配蔬菜和水果，好吃又营养。

化为热量被消耗掉，不能充分起到补益作用。所以，喝豆浆前应吃些主食，以便充分补充营养。

● 搭配其他营养食物

喝豆浆的同时可以吃些面包等淀粉类食物，如果再吃点儿蔬菜和水果，营养就更均衡了。按此种方式进食，可使豆浆中的蛋白质在淀粉的作用下充分被人体吸收。

不适宜喝豆浆的人群

喝着自己制作的营养丰富又健康的豆浆是非常幸福的。但豆浆并非人人皆宜，在制作豆浆前，要了解自己是否适合饮用豆浆，以避免造成身体不适。有下述情况的人生就应对豆浆"忍痛割爱"：

◎ 急性胃炎、慢性浅表性胃炎者不宜喝豆浆，以免刺激胃部分泌过多胃酸从而加重病情或引起胃肠胀气。

◎ 喝豆浆后容易产气，因此腹胀、腹泻的人最好别喝豆浆。

◎ 豆类大多属于寒性食物，所以有乏力、体虚、精神疲倦等症状的虚寒体质者不适宜饮用豆浆。

◎ 病情严重的消化性溃疡患者应忌食豆浆、豆腐丝、豆腐干等豆制品。因为豆类所含的低聚糖虽然不能被消化酶分解而消化吸收，但可被肠道细菌发酵，能分解产生一些小分子的气体，进而引起嗝气、腹胀、腹痛、肠鸣等症状。

◎ 肾功能不全的人最好不要喝豆浆。

◎ 长期高热的伤寒患者虽然应摄取高热量、高蛋白食物，但为预防出现腹胀症状，也不宜饮用豆浆，以免产生胀气。

◎ 痛风患者在急性期要严禁食用含嘌呤多的食物，其中就包括豆浆及豆干等豆制品。

◎ 急性胰腺炎患者如处在病情发作期，可饮用富含高碳水化合物的清流质饮食，但忌饮刺激胃液和胰液分泌的豆浆等食物。

保存豆浆有讲究

在家中自制豆浆时，最好即做即饮，如果豆浆一次喝不完，可将剩余的豆浆倒入干净的杯中，等豆浆自然冷却到室温之后，再放进冰箱保存。饮用时把豆浆取出来，重新煮沸一下即可。

研究表明，存放的豆浆加热后喝，不会对身体产生不利影响，但豆浆中的营养将会有所流失。

◎ **准备容器**。准备一只耐热、密封性好的干净太空瓶。由于豆浆机制作出来的豆浆是沸腾的豆浆，要想保存它，就必须用耐热的器皿，同时还要避免细菌和氧气钻进器皿，因此器皿盖严之后必须保证不透气、不透水，而优质的太空瓶能够拧紧，密封性好。

◎ **杀菌处理**。在豆浆快要制作完成时，要先将太空瓶用沸水烫一下，以起到杀菌作用。

◎ **加盖密封**。把太空瓶的盖子松松地盖上，不要拧紧，停留大约十几秒钟后要再拧紧，这样可以避免热气因冷却收缩而使瓶子无法打开。

◎ **冷藏豆浆**。等到豆浆自然冷却到室温之后，再把它放进冰箱里，可以在4℃下保存一个星期。饮用时把豆浆取出来，重新煮沸一下就可以喝了。

豆浆料理美味多

平凡的豆浆可以制作出美味的料理，现在让我们享受非一般的料理。

◎ **豆浆核桃糯米糊**。核桃仁捣碎；将糯米粉与芡实粉搅拌均匀。将黄豆浆煮沸后继续煮3分钟，加入糯米、芡实粉搅拌成稠糊状。再次煮沸，加入白糖调味即可。

◎ **豆浆核桃蜜**。将核桃仁洗净后捣碎，放入豆浆机中，加入适量水后打成浆。将黄豆浆煮沸后再煮约3分钟，兑入核桃仁浆搅匀，小火煮沸，加蜂蜜调味。

◎ **豆浆玉米笋**。鸡蛋打散，加干淀粉和适量黄豆浆调成糊，将玉米笋挂糊。将挂糊玉米笋炸至外层硬脆。将剩余黄豆浆、白糖熬至浓稠，倒在炸玉米笋上。

◎ **洋葱玉米浆汤**。将瘦肉洗净，切末。将西红柿丁、洋葱丁、玉米粒、瘦肉、香菇丁（各50克）放入锅中，加入黄豆（200毫升）浆煮成浓汤，趁热加入适量盐和胡椒粉调味。

◎ **猕猴桃豆浆羹**。黄豆浆、猕猴桃汁各150毫升，白糖、干淀粉各适量。将猕猴桃汁与干淀粉调成芡汁。将黄豆浆煮沸后继续煮3分钟，加入白糖和芡汁，煮沸后晾凉。

小豆渣，大营养

豆渣营养不可小觑

研究表明，豆渣含有丰富的膳食纤维，可作为糖尿病患者及肥胖人士的保健食物。

从豆渣中还可以提取出一种多糖，其为白色、无臭、无味的粉末，可用于制作糕点、面条等食品。因此，豆渣经干燥处理后，可代替一部分面粉用于制作面包、饼干等焙烤食品。此类食品口感也比较细嫩松软，适合任何人群食用。

豆渣既保健又美容

● 豆渣可保健

豆渣富含膳食纤维，可吸附食物中的糖分，减少肠壁对葡萄糖的吸收，所以经常吃豆渣能预防血糖升高，对健康有益。

● 豆渣可美容

现代科学研究表明，豆渣具有高粗蛋白、低脂肪、低热量的特点，食之不仅给人饱腹感，而且其热量也比其他食物低。所以，豆渣很适合在减肥期间的女性食用。

此外，食用豆渣食品，可以解除饥饿感，抑制脂肪生成，使瘦身效果更显著。比如，用豆渣和燕麦煮成的粥，口感香滑，就是不错的减肥食品。

豆渣料理多种多样

豆渣除了可以用于保健和美容外，还可以用于制作各种简单又美味的料理。

◎ **豆渣玉米面粥**。将豆渣沥去水分。将豆渣、玉米面加入少许清水调成稀糊状。锅中放入水和稀糊，开火煮开，最后撒入适量白糖调味即可食用。

◎ **椰香燕麦豆渣粥**。锅中加入适量水烧开，放入豆渣、燕麦片及白糖煮开，加椰浆调味即可食用。

◎ **豆渣丸子**。将胡萝卜末、香菜与豆渣、面粉、白胡椒粉、盐、鸡蛋液一起搅匀，制成丸子。油锅烧热，下豆渣丸子炸熟，捞出沥油即可。

米糊好营养

营养丰富，功效齐全

米糊营养丰富

米糊主要是由五谷杂粮制作而成，含有丰富的营养。

另外，制作米糊时还可以加入蔬菜、水果、坚果等食物，这样可以使米糊的营养更加全面。制作时搭配得当、合理，既可以保证米糊的营养均衡，又能确保人体吸收，使身体变得更加健康。

米糊功效齐全

古人称米糊是"第一补人之物"，可见米糊的功效是很全面的。从中医角度来看，米糊可以健脾养胃、补充虚损。另外，米糊是介于干性和水性之间的食物，口感香滑，易于消化吸收，尤其对进食比较困难的儿童、老人、病人等更加适合。

但并不是说米糊只适合幼儿、老人等人群食用，因其原料种类的不同，其养生功效也各有不同，也是适合全家人食用的食物。女性食用米糊可以美容养颜，男性食用米糊可以保健养身。总之，米糊功效齐全，可以帮助全家人补养身体。

米糊制作有讲究

由于时代的变化以及人们生活水平的提升，制作米糊也有不同的方法，简单地说，就是由传统的制作方法变为现代的简易方法。另外，无论是何种制作方法，都有一些要求和技巧，需要我们注意。下面就介绍一下制作米糊的两种方法与要求。

制作方法

● 传统制作方法

制作米糊有一个由繁至简的过程。首先，制作米糊需要将原料，如粳米、小米等浸泡1~2个小时，控水后还要将其打成浆。打成浆之后，就要开始真正意义上的制作了。将米粉浆与一些水搅拌之后将其放入锅中加热，在此期间还要不停地用锅铲进行翻搅，以免糊锅。只有把握好火候，才能制作好米糊。

如今，各种现成的五谷粉出现在市场上，这样就省去了将粳米、小米等原料碾成粉末状的做法，制作米糊也就变得没有之前那样繁琐。

●现代制作方法

现在，随着米糊机和全自动豆浆机的出现，制作米糊也变得更加简单方便了。

首先，应该将作为原料的五谷杂粮浸泡至软。因为五谷中所含的对人体有益的膳食纤维很难被吸收，只有将其泡软、打磨、熬煮之后才能使其中的营养成分为人体消化、吸收。

其次，可以根据个人口味和营养需求加一些蔬果、干果等食材，确保煮出的米糊更加香浓。

一切准备就绪后，将材料全部放入米糊机或全自动豆浆机中，只要接通电源，按下功能键就可以了。

制作要求

和制作豆浆一样，制作米糊也有一些要求。下面就介绍一下制作米糊的具体要求。

●原料有要求

在选择原料时，我们通常以五谷杂粮为主，还可以添加一些蔬果、干果等。无论挑选何种原料，都要保证其品质优良。如果选用豆类，就需要挑选那些新鲜的优质豆；如果选用蔬果，就要挑选那些绿色无公害的。

● 浸泡有要求

在打磨之前，我们需要把米糊原料浸泡至软，这就有浸泡时间的要求。由于浸泡需要一段时间，所以我们要掌握好具体的时间。如果想在早上进食，那就要在前一天晚上开始浸泡。同样，如果想在中午或晚上进食，就要在前一段时间开始浸泡，这样才可以保证米糊的口感。

● 调味有要求

如果嗜好甜味或咸味，可以在米糊中加入白砂糖、冰糖、蜂蜜或盐等多种调料，以确保其符合自己的口味。

● 水量有要求

在制作米糊时需要加一定量的水。水量的多少随自身的喜好以及原料的种类而有所变化。如果想要进食比较浓稠的米糊，那就可以多加原料或者少加水；如果原料含水量比较少，就可以多加一些水。至于具体如何操作，视具体情况而定。

蔬果汁好美味

饮用蔬果汁，健康好处多

蔬果的营养成分

●维生素

蔬菜、水果中含有丰富的维生素，其中最为典型的就是维生素A和维生素C。维生素A除了具有保护眼睛的功效外，还可以维持呼吸道黏膜健康，让皮肤光滑。大多数蔬果中都含有丰富的维生素C，特别是柑橘类水果。

●矿物质

蔬果中含有的矿物质也比较丰富。钾、镁是蔬果中最基本的矿物质。其中，钾可使血压维持在正常水平，有利尿的作用。青椒、西红柿、葡萄等都含有丰富的钾元素。镁是保证骨骼、牙齿健康不可缺少的营养成分，对健康有益。

●抗氧化物

蔬果中所含的抗氧化物如茄红素、多酚、花青素等是对人体益处最大的营养素。此类营养素可以消除对身体有害的自由基，还可以延缓衰老及预防心血管疾病。

●膳食纤维

　　蔬菜、水果中含有丰富的膳食纤维。膳食纤维有促进肠胃蠕动、帮助消化的作用，可有效预防便秘，还能抑制体内脂肪的堆积。

蔬果汁的健康功效

●营养吸收"加速器"

　　制作蔬果汁实际是将蔬菜和水果中的纤维搅碎。这样不仅能减轻肠胃的负担，还能保证其营养元素更快速地被人体吸收。这对于吸收能力较弱的幼儿、老年人及大病初愈者很有帮助。

●身体"防疫站"

　　蔬果中大多含有丰富的纤维质，有利于降低血液中的胆固醇含量，控制血糖，预防多种心血管疾病。蔬果中还含有抗氧化维生素，可有效预防癌症，是身

体的"防疫站"。

●天然营养"存储室"

生食的方式最能保留蔬果中的营养元素，特别是人体最容易缺乏的三大营养元素——胡萝卜素、维生素C、维生素E，并被身体完整地吸收。将蔬果榨成蔬果汁，是人们比较认可的吸收这些天然营养的首选方式，因而受到人们的喜爱。

●皮肤"修复机"

新鲜蔬果汁中含有的大量抗氧化的维生素A、维生素C、维生素E等，不但可以减少岁月留下的痕迹，还可以消除自由基，以延缓衰老。

● 新鲜蔬果汁，健康好滋味。

制作蔬果汁的工具与做法

制作工具

"工欲善其事，必先利其器"，想要享受新鲜、健康的蔬果汁，不得不依靠它的"好朋友"——制作蔬果汁的工具。

●砧板

用途

砧板分木质和塑料两种。木质砧板适合切肉，塑料砧板则适合切蔬果。

使用

◎ 独立使用蔬果砧板，除可防食物交叉感染细菌外，也可避免沾染肉类的味道。

◎ 新买的木质砧板需用盐水浸泡一夜，使木质变得更坚硬，以防止干裂。

清洁

◎ 每次使用塑料砧板后要用海绵清洗干净并晾干，切忌用高温的水清洗，以免砧板变形。

◎ 清洁木质砧板时，先使用钢丝球将其清洗干净，再晾干。

◎ 木质砧板清洁后用厨房用纸擦干，以免细菌滋生。

●水果刀

(用途)

很多时候都需要把蔬果切成条或小块，那么水果刀就是必不可少的。

(使用)

将水果或某些蔬菜切成小块或条状。

(清洁)

使用完后马上用水洗净并擦干，以防生锈。

●水果挖球器

(用途)

制作水果球时，使用水果挖球器会很方便，尤其是取西瓜和香瓜时。

(使用)

将水果去皮，用挖球器挖出榨汁需要的果肉。

(清洁)

使用完后立即用清水冲洗干净并擦干，以防生锈。

●榨汁机

(用途)

榨汁机的特色是可以将渣和汁分开，而且榨出来的汁清澈鲜亮。比较硬、纤维多且粗的蔬果，如胡萝卜、芹菜、苹果、菠萝、黄瓜等，都可以用榨汁机来榨汁，美味又健康。

(选购)

◎ 观察外观及内部组件。买榨汁机首先看它的外观，观察它的颜色及材料质感。以功能区为例，如果功能区的塑料外壁颜色不均匀，或者其中有气泡，透明度不高，则可能是利用回收的塑料制成的，属于伪劣产品。其次看杯体及刀片。杯体内部无死角、光滑的为好，这样会方便清洗。锋利、厚实的刀片是榨汁机的核心组件，直接关系到榨汁的彻底程度。刀片的材料也是非常重要的，以优质的合金材料为佳。

◎ 试闻味道和听声音。选购榨汁机时要打开包装盒，闻一下榨汁机是否有一股刺鼻的塑料味。如果想进一步测试，可在启动电机后，闻一闻发热时是否会产生异味。质量好的榨汁机组件都非常精良，不会使用劣质材料，因此闻不到塑料味，而且机体坚固、厚实、做工细腻、不易分解。电机启动后，还要注意听一下声音，看是否伴有杂音。反复启动几次电机，仔细听一听声音，如果有机械噪音或振动噪音，可能是组件安装不牢固，需要工作人员进行调试。

◎ 询问功能及服务。仔细询问销售人员，并且注意听产品的重点介绍，也是选购榨汁机关键的一步。有些销售人员为了把某品牌的榨汁机销售出去，把榨汁机说得近乎完美，但不要轻信。在了解榨汁机功能的同时，也不要忘了了解其售后服务。询问保修期是多长时间，维修网点在哪里，如果发现产品质量问题应该怎么办等。

◎ 检验品质。对榨汁机进行实际操作，是最能检验其品质高低的方式。通过实际操作，可以观察其榨汁是否彻底，汁渣分离的程度，以及榨汁机榨汁的功能、效率如何。一台多功能榨汁机除了具有榨汁的功能之外，还具有搅拌、干磨、搅肉等功能，可以一机多用。

使用

◎ 水果果皮较厚时须先削掉皮再放入榨汁机中。

◎ 蔬果必须去掉较硬的核、籽，方可放入榨汁机中，以免损坏刀片。

◎ 为了配合进料管的大小，须把放入的蔬果切成适当大小的条状或块状。

清洁

◎ 使用完榨汁机后应该马上清洗，将榨汁机里的杯子拿出来先用水泡一会儿，再冲洗、晾干。

◎ 刀网应先用水泡一会儿然后再冲洗，并用毛刷清洗干净。

制作方法

要先挑选、清洗蔬果，再处理，还要掌握一定的榨汁、增鲜技巧等。下面就开始学习具体的制作做法吧!

步骤1 挑选

如果想要榨出新鲜蔬果汁，首先就要学会挑选蔬果。总的挑选原则如下:

◎ 不管是蔬菜还是水果，最基本的要求是保证外表没有碰坏及受损，以防腐坏。另外，要选择蒂、柄新鲜的蔬果。

◎ 用手掂量一下感觉蔬果的分量，越重往往表示水分越多、越新鲜。

◎ 有些水果会有香味，特别是瓜类，故挑选时可用鼻

子闻一闻，香气越浓，表示越成熟、越新鲜。

步骤2 清洗

　　蔬果清洗干净后才能确保制作出的蔬果汁安全健康。清洗蔬果的总体原则如下：

◎ 先用流动的水冲洗蔬果表面，然后将蔬果放入清水中浸泡10～15分钟，再逐一清洗干净。

◎ 包叶类蔬菜，应先去除其外叶，再剥成单片，用流水反复冲洗，以便彻底洗净。

◎ 对于有根的叶菜类，农药喷施时会顺着叶柄流向根部，所以要先切除根，再用水洗净。

◎ 有蒂的蔬果容易在蒂处沉积农药，因此在榨汁前应用水反复冲洗几遍蒂处。

◎ 表皮不平整的水果，如杨桃、草莓等，很容易残留污垢或农药，可以先冲洗再浸泡。

◎ 不要把蔬果泡在盐水里或是用蔬果清洁剂清洗，因为二者的渗透力会把表面的农药带进蔬果内部，结果适得其反。

步骤3 处理

　　和蔬果挑选与清洗一样，蔬果的处理方法也有一定的小窍门。榨蔬果汁要保证材料可用、好用，要根据不同的类型进行分类，选择专门的用具。

蔬果分类挑选小窍门一览表

蔬果种类	具体蔬果	挑选窍门
叶类蔬菜	芹菜、菠菜、小白菜等	叶片完整、翠绿、带有光泽，茎部肥厚者为佳
根茎类蔬菜	莲藕、土豆、胡萝卜等	表皮没有凹凸、损伤及长芽，而且有分量的为佳
包叶类蔬菜	圆白菜、大白菜等	切口没有干裂、变色的现象，握在手上带有沉重感的为佳
瓜类蔬菜	苦瓜、黄瓜等	蒂头新鲜，握在手上有沉重感的为佳
柑橘类水果	橙、柠檬等	表皮光滑，拿在手里有分量感的为佳
瓜类水果	哈密瓜、西瓜、香瓜等	要挑选果柄或蒂头新鲜的，表皮纹路鲜明的，哈密瓜果身有网纹且明显凸出者为佳

蔬果分类清洗小窍门一览表

蔬果种类	具体蔬果	清洗窍门
去皮类蔬果	苹果、梨、猕猴桃、芒果、木瓜等	先用流动的水冲洗，再削皮，以免污垢经手污染
不去皮类蔬果	苦瓜、杨桃、草莓、小西红柿等	清水冲洗后不可直接使用，应再用水浸泡20分钟左右，最后用流动的水再冲洗一次
叶类蔬菜	菠菜、芹菜、白菜、油菜等	为防止农药顺着叶柄流向根部，先切除约1厘米的根部，再放入水中浸泡10分钟，最后再用流动的水冲洗干净
根茎类蔬菜	胡萝卜、牛蒡、白萝卜等	应先用流动的水冲洗，再用软毛刷将表皮反复刷洗干净
成串类水果	各类浆果和葡萄等	除茎后，放入漏勺，然后用水冲洗至少1分钟，然后用纸巾抹干水果

蔬果分类处理小窍门一览表

蔬果种类	具体蔬果	处理窍门
去皮类水果	苹果、梨、猕猴桃、芒果等	用削皮器去除果皮，再用水果刀切成4等份，有果核的要去除
瓜类水果	木瓜、西瓜、香瓜、甜瓜、哈密瓜等	先用水果刀切除头尾，再切成4等份，去除果皮，并切成大小合适的形状
瓜类蔬菜	黄瓜、苦瓜、丝瓜等	切两端，直剖后再对切，去瓤或籽，切块
根茎类蔬菜	山药、牛蒡、胡萝卜等	削去表皮，切成大小合适的形状

步骤4 榨汁与搅拌

榨汁

工作原理

　　榨汁机高速旋转的电机带动刀头将蔬果打碎，然后利用离心力将渣和蔬果汁彻底分开。

榨汁做法

1.将清洗过的榨汁机按说明书进行组装，确保装配到位（图①）。

2.各种瓜果洗净，去皮（壳）、去核，切成小圆块或三角小块；蔬菜洗净，切段（图②）。

3.然后再接通电源，启动开关，让榨汁机空转5秒钟左右，再把已切好的蔬果放入榨汁机进料口里，用推料棒轻轻下压，即可榨出原味的鲜蔬果汁（图③）。

4.将榨好的蔬果汁倒入杯子里即可（图④）。

适用范围

　　适用于较硬或多汁的蔬果，如黄瓜、苹果等。

搅拌

(工作原理)

榨汁机刀头将蔬果打碎，进行混合，以保证食物中含有的大部分纤维都留在蔬果汁中。

5

(榨汁做法)

1.按照说明书在机座上换好搅拌杯（图⑤）。

2.瓜果削皮、去核，切成小块（图⑥）；蔬菜洗净，切段。

6

3.接通电源，把切好的蔬果按水（加入适量水可让搅拌过程更顺畅）、软材料、硬材料依次加入搅拌杯，按功能键。如果机子发生空转，应关掉开关，用筷子轻轻搅匀后再继续搅拌（图⑦）。

7

4.将榨出的蔬果汁倒进杯子里即可（图⑧）。

(适用范围)

适用于木瓜、西红柿等黏性较强的蔬果，也适合搅拌乳制品类等食品。

8

步骤5 调味

榨出蔬果汁后，若想让口感更佳，可以添加一些具有调味效果的食物。

增加蔬果汁风味的辅助原料

●芝麻

芝麻中含有B族维生素、维生素E、卵磷脂及钙、铁、镁等营养成分。芝麻粉碎后香气扑鼻，不仅会增强蔬果汁的口感，还可使其营养更加全面。

●酸奶

酸奶是以纯牛奶为原料，经过乳酸菌发酵而制成的。酸奶经过加工后，不但保留了牛奶的所有优点，而且成为更加适合人类的营养保健品。其口味酸甜，与蔬果汁混合饮用不但营养更佳，还会提升口感。

●蜂蜜

蜂蜜是由蜜蜂采集花蜜酿成的，主要成分为糖类，其中60%～80%是人体容易吸收的葡萄糖和果糖，适合老人和小孩食用。

●椰汁

椰汁含有大量植物蛋白及人体所需的17种氨基酸和多种矿物质。其香气浓郁、口感顺滑，适合搭配消暑的食品饮用。

● **核桃**

核桃含丰富的营养成分，其中蛋白质、不饱和脂肪酸的含量较多，可以降低胆固醇。将其加入蔬果汁中，能使蔬果汁味道更加芳香浓郁，令人回味无穷。

● **杏仁**

杏仁含有蛋白质、维生素E、B族维生素等营养成分，具有美容养颜、调节激素分泌等功效。

饮用蔬果汁有讲究

蔬果汁有益身体健康，但如何喝才能起到"事半功倍"的效果，让身体最大限度地吸收其丰富营养呢?

选择无污染水果

我们一般都是用榨汁机将蔬果榨成汁直接饮用。因此，为了减少化学污染，最好选择没有施用过化学肥料或低农药的无公害或绿色蔬果。

要清洗干净

蔬果汁大部分都是生食的，故在榨汁之前最好将蔬果清洗干净，以免蔬果汁残留农药、细菌等。

应季蔬果为最佳

应季蔬果都是在最适合的时期生长的，病虫害较容易控制，农药也会用得少，因此农药残留会比较少。另外，应季蔬果营养更丰富，且物美价廉，应为蔬果汁的首选材料。

添加辅料更美味

为了保证营养丰富、口味独特，也可以在蔬果汁中添加牛奶或酸奶，调和口味和营养。另外，添加一些五谷杂粮等，如黑芝麻、杏仁、燕麦、核桃、花生等，可中和蔬果汁的性味，对人体健康更有好处。

宜现榨现饮

蔬果汁最好现榨现饮，而且最好在半小时内喝完，以避免因放置太久而导致营养流失。

细品慢喝

喝蔬果汁时需细品慢喝，以避免因喝得太快而使蔬果汁中的糖分过快进入血液而导致血糖升高。

在喝蔬果汁时，我们可以先含一口蔬果汁在嘴里，让唾液与蔬果汁充分融合后再咽下。对于喜欢大口饮用的人，可在蔬果汁中加入适量温开水。

蔬果渣小妙用

可美容和润肤

●美肤面膜

胡萝卜、香蕉、苹果、草莓、西红柿、葡萄、苦瓜、西瓜、黄瓜、橄榄等榨出的蔬果渣，加入适量珍珠粉（也可用面粉代替珍珠粉），并调入蜂蜜，调成糊状敷面即可。

●全身美肤膜

沐浴时，将富含纤维素的蔬果渣涂抹于全身，可起到明显的美肤功效。含有柠檬渣的蔬果渣可直接放入浴缸中，让身体泡个舒服的柠檬澡，可美白全身。

蔬果渣料理多种多样

◎ **蔬果渣玉米饼**。取适量玉米面，与蔬果渣混合，再加入鸡蛋和适量水调成糊状，然后倒入平底锅中煎熟即可。

◎ **肉末蔬果渣**。将肉馅放入锅中翻炒，之后加入蔬果渣及切碎的洋葱一起炒制，半熟时放入西红柿、清汤及胡椒、番茄酱等材料，煮大约30分钟即可。

◎ **蔬果渣丸子**。取适量糯米粉、砂糖，与蔬果渣一起混合，揉搓成一个个丸子，入沸水锅中煮熟即可。

养生豆浆喝出健康

第二篇

黄豆

（蛋白质的营养库）

选购导航

选购黄豆时，以颗粒饱满、无霉烂、无虫蛀、无破皮的为佳。

性味归经

味甘，性平。归脾、胃经。

养生效用

☑ 促进神经发育　☑ 降低胆固醇　☑ 美容养颜

☑ 滋润皮肤　☑ 缓解动脉硬化　☑ 预防高血压

完善搭配

黄豆 ＋ 小麦 ＝ 均衡搭配、补充营养

黄豆 ＋ 蜂蜜 ＝ 补心益血、舒肝理气

经典推荐

原味黄豆豆浆

材料

黄豆
100克

白糖
适量

做法

❶ 将黄豆放入碗中，加适量水泡至发软，捞出洗净。

❷ 将泡好的黄豆放入全自动豆浆机中，加入适量水制成豆浆。

❸ 将豆浆过滤，加入适量白糖调味即可。

营养小磨坊

黄豆 + 白糖 = 可抗氧化、补充体力、抗衰老

强身、清热化痰、抗氧化　　润肺生津、补中缓急

绿豆

清热解毒的「济世之谷」

性味归经
味甘，性寒。归心、胃经。

选购导航

挑选绿豆的时候一定注意挑选无霉烂、无虫蛀、无变质、表面大小匀称、没有瘪、圆润有光泽者。

养生效用

☑ 保护胃肠黏膜　☑ 清热解毒　☑ 预防高血压

☑ 改善糖尿病　☑ 防暑消热　☑ 缓解痤疮

完善搭配

 绿豆 + 莲藕 = 和胃温脾、疏肝利胆

 绿豆 + 南瓜 = 降低血糖、清热解毒

绿豆清凉豆浆

材料

绿豆
100克

白糖
适量

做法

❶ 将绿豆加适量水泡至发软，捞出后洗净。

❷ 将泡好的绿豆放入全自动豆浆机中，加适量水制成豆浆。

❸ 将豆浆过滤，加入适量白糖调味即可。

营养小磨坊

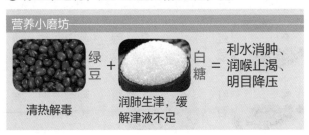

绿豆 + 白糖 = 利水消肿、润喉止渴、明目降压

清热解毒　　润肺生津，缓解津液不足

红豆

「利水消肿的「相思豆」」

选购导航

选购红豆时，以豆粒完整、大小均匀、颜色深红、紧实皮薄的为佳。红豆颜色愈深，表示铁含量愈高，营养价值愈高。

性味归经

味甘，性平。归脾、大肠、小肠经。

养生效用

☑ 增强免疫功能　☑ 提高抗病能力　☑ 润肠通便

☑ 降血压　☑ 解毒抗癌　☑ 预防结石　☑ 健美减肥

完善搭配

红豆 ＋ 南瓜 ＝ 美白润肤、预防感冒

红豆 ＋ 薏米 ＝ 利湿消肿、解毒消暑

48

红豆养颜豆浆

材料

红豆
100克

白糖
适量

做法

❶ 将红豆加适量水泡至发软，捞出洗净。

❷ 泡好的红豆放入全自动豆浆机中，加适量的清水制成豆浆。

❸ 将豆浆过滤，加入适量白糖调味即可。

营养小磨坊

红豆 + 白糖 = 养心养颜、美容瘦身，有益于健康

生津益血、利尿消肿

和中润肺、舒肝缓气

黑豆

防老抗衰的「豆中之王」

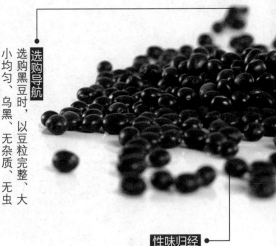

选购导航

选购黑豆时，以豆粒完整、大小均匀、乌黑、无杂质、无虫蛀现象者为佳。

性味归经

味甘，性平。归脾、肾经。

养生效用

✓ 滋肾补肾 　✓ 降低胆固醇 　✓ 散五脏结积

✓ 去肿消谷 　✓ 止腹胀 　✓ 去热毒 　✓ 改善痉挛

完善搭配

黑豆 ＋ 柿子 ＝ 补肾强身、活血利水

黑豆 ＋ 蜂蜜 ＝ 补肝益肾、养血解毒

黑豆

经典推荐

材料

黑豆
100克

白糖
适量

黑豆营养豆浆

做法

❶ 将黑豆加水泡至发软，捞出洗净。

❷ 将泡好的黑豆放入全自动豆浆机中，加适量水制成豆浆。

❸ 将豆浆过滤，加入适量白糖调味即可。

营养小磨坊

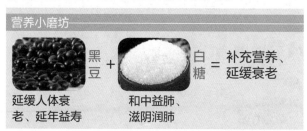

黑豆 + 白糖 = 补充营养、延缓衰老

延缓人体衰老、延年益寿

和中益肺、滋阴润肺

青豆

豆类中的"灵丹妙药"

鲜品青豆以色泽嫩绿、手感柔软、颗粒饱满、未浸水者为佳。

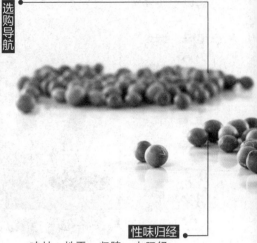

性味归经

味甘，性平。归脾、大肠经。

养生效用

√ 健脾宽中　√ 健脑益智　√ 润燥消水

√ 稳定血糖水平　√ 美肤抗衰　√ 补肝养胃

完善搭配

青豆 ＋ 糯米 ＝ 健胃抗菌、防止腹泻

青豆 ＋ 小米 ＝ 健脾养胃、增强体质

青豆开胃豆浆

材料

青豆
80克

白糖
适量

做法

❶ 将青豆用清水浸泡至软，洗净。

❷ 将泡好的青豆放入全自动豆浆机中，加适量水制成豆浆。

❸ 将豆浆过滤，加入适量白糖调味即可。

营养小磨坊

青豆 + 白糖 = 增强体力、清热利尿、祛湿顺气

润肠通便、健脾宽中

滋阴养肺、和中益胃

玫瑰

美容养颜之圣品

选购导航
选花瓣为长圆形，呈紫红色或淡紫红色，雄蕊短于花柱，气清香者为佳。

性味归经
味微苦，性温。归肝、脾经。

养生效用

√ 理气解郁　√ 活血散瘀　√ 安抚心神　√ 补气血

√ 抗抑郁　　√ 和胃养肝　√ 养颜美容　√ 通经活络

完善搭配

 玫瑰 ＋ 黄瓜 ＝ 清热防暑、静心安神

 玫瑰 ＋ 枸杞子 ＝ 滋阴补气、美容养颜

54

玫瑰花油菜黑豆浆

材料

黄豆 50克

黑豆 25克

油菜 20克

玫瑰花 6克

做法

❶ 将黄豆、黑豆分别用清水浸泡至软，洗净；玫瑰花洗净，用水泡开，切末；油菜择洗干净，切末。

❷ 将全部材料一同倒入全自动豆浆机中，加入适量水制成豆浆即可。

营养小磨坊

玫瑰 + 黑豆 = 活血化瘀、保养肝脏、清热解毒

舒肝解郁、活血化瘀

活血化瘀、解毒消肿

55

百合

养心安神的佳品

选购导航

鳞茎洁白，球形或扁球形，鳞片肥厚宽大，品质细腻无渣，纤维少，含糖量高，香绵纯甜，无苦味者为佳。

性味归经

味甘，性微寒。归心、肺、胃经。

养生效用

☑ 润肺止咳　☑ 宁心安神　☑ 补中益气

☑ 改善失眠多梦、精神恍惚、热病后期、湿疮等症

完善搭配

百合　+　糯米　=　改善气血、清除疲劳

百合　+　白糖　=　润肺止咳、清心安神

枸杞百合豆浆

材料

黄豆
50克

百合
3克

枸杞子
10克

做法

❶ 将黄豆用清水浸泡至软洗净；百合掰成小瓣；枸杞子洗净。将泡好的黄豆倒入全自动豆浆机中，加入水制成豆浆。

❷ 将百合瓣和枸杞子一同入做好的豆浆中拌匀即可。

营养小磨坊

百合 + 枸杞子 = 滋补肝肾、消除烦热、润肺宁心

提高机体免疫力、补气强精

润肺宁心、延缓衰老

苹果

减压润肺的「全科医生」

选购导航

选购苹果时，应挑选大小适中、果皮光洁、颜色艳丽、软硬适中、果皮无虫眼和损伤、肉质细密、气味芳香者。

性味归经

味甘，微酸，性凉。归脾、胃、肺经。

养生效用

☑ 生津止渴　☑ 润肺除烦　☑ 健脾开胃

☑ 调节酸碱平衡　☑ 消除心理压抑感　☑ 防癌抗癌

完善搭配

 苹果 ＋ 甜瓜 ＝ 消暑清热、生津解渴

 苹果 ＋ 牛奶 ＝ 清凉解渴、抗癌防癌

苹果水蜜桃豆浆

材料

黄豆
100克

水蜜桃
半个

苹果
半个

白糖
适量

做法

❶ 将黄豆加水泡至软，捞出洗净；苹果、水蜜桃分别去皮，切成小块。

❷ 将苹果块、水蜜桃块和泡好的黄豆一同放入全自动豆浆机中，加适量水制成豆浆，加入白糖调味。

营养小磨坊

 苹果 + 水蜜桃 = 美容养颜，能增加人体血红蛋白

含丰富的果糖　　　　补血养颜

香蕉

润肤瘦身的『快乐水果』

选购导航
挑选香蕉时，以表皮金黄者为佳，而果皮上有棕色小点的香蕉最香甜，这样的香蕉已经足够成熟。

性味归经

味甘，性寒。归肺、大肠经。

养生效用

√ 除烦止渴　√ 润肠通便　√ 补充能量

√ 清热解毒　√ 安神降压　√ 保护胃黏膜

完善搭配

 香蕉 + 冰糖 = 润肠通便、清火泄热

 香蕉 + 花生 = 健脾开胃、益气生津

60

经典推荐

草莓香蕉豆浆

材料

黄豆
100克

草莓
2颗

香蕉
半根

白糖
适量

香蕉

做法

❶ 将黄豆加水泡至软，捞出洗净；草莓去蒂、洗净；香蕉去皮后切成小块。

❷ 将做法❶中的材料放入全自动豆浆机中，加入适量水制成豆浆，加入白糖调味即可。

营养小磨坊

香蕉
生津止渴、
清热润肠

＋

草莓
润肺生津、
清热凉血

＝

对胃肠道、
贫血症状均
有一定改善

山药

营养丰富的妙品

选购导航

购买山药时，以表皮无伤痕、无异常斑点、颜色均匀有光泽、形状完整的为佳。

性味归经

味甘，性平。归脾、肺、肾经。

养生效用

☑ 益智安神　☑ 延年益寿　☑ 预防心血管疾病

☑ 促进内分泌　☑ 改善体质　☑ 健脾易消化

完善搭配

 山药 ＋ 扁豆 ＝ 增强人体的免疫功能

 山药 ＋ 南瓜 ＝ 提神补气、滋补身体

经典推荐

桂圆山药黑米浆

材料

黄豆
5克

山药
黑米
桂圆
各适量

做法

❶ 将黄豆、黑米分别浸泡，洗净；山药去皮后洗净，切块，汆烫片刻，捞出沥干；桂圆去皮、核，取肉。

❷ 将山药块、桂圆肉、黑米、泡好的黄豆一同放入全自动豆浆机中，加水制成豆浆即可。

营养小磨坊

山药
补中益气、
滋补肾阴

+

桂圆
益心脾、
补气血

=

补肾补虚、
滋养脾胃、
补益身体

胡萝卜

益肝明目又美容

选购导航

选购时，宜选形状坚实，呈现浓橙色、表面光滑的。

性味归经

味甘，性平。归肺、脾、肝经。

养生效用

√ 防治夜盲症　　√ 增强人体抵抗力　　√ 补肝明目

√ 降血压　　√ 降血糖　　√ 降血脂　　√ 利隔宽肠

完善搭配

 胡萝卜 + 薏米 = 美白润肤、除皱抗衰

 胡萝卜 + 紫菜 = 排毒解暑、理气化积

经典推荐

胡萝卜黑豆豆浆

材料

黑豆
60克

胡萝卜
30克
冰糖
适量

做法

❶ 将黑豆用清水浸泡至软，洗净；胡萝卜洗净，切碎末，备用。

❷ 将上述材料一同倒入全自动豆浆机中，加入适量水制成豆浆。将豆浆过滤后加冰糖调味即可。

营养小磨坊

胡萝卜 滋补肝肾，益精明目 ＋ 黑豆 对延缓人体衰老有益 ＝ 对抗自由基和延缓衰老十分有益

红枣

补气养血的佳品

选购导航

选购红枣时，以表面有光泽，外表呈紫红色，有浅浅的、极少的皱纹者为优质。

性味归经

味甘，性温。归脾、胃、心经。

养生效用

☑ 补中益气　☑ 健脾益胃　☑ 养血静心

☑ 舒肝解郁　☑ 提高人体免疫力　☑ 补虚安神

完善搭配

 红枣 + 南瓜 = 补中益气、收敛肺气

 红枣 + 荔枝 = 补肾填精、健脾止泻

经典推荐

黄豆红枣糯米豆浆

材料

黄豆
80克

红枣
10克

糯米
20克

做法

❶ 黄豆用清水浸泡至软，洗净；糯米淘洗干净，用清水浸泡两小时；红枣洗净，去核，切成碎末。

❷ 将全部材料一同倒入全自动豆浆机中，加入适量水制成豆浆即可。

营养小磨坊

 红枣 ＋  黄豆 ＝ 健脾益胃、养心除烦、提高免疫力

补血养气　　　　健脾益肾

核桃

健脑益身的坚果

选购导航 购买核桃时，一般选色泽光鲜（鲜褐色为佳），手感重的。经漂白过的核桃表面虽然白净，但没有光泽。

性味归经

味甘，性温。归肺、肾、大肠经。

养生效用

✓ 滋养脑细胞　✓ 增强脑功能　✓ 预防动脉硬化

✓ 降低胆固醇　✓ 缓解疲劳和压力　✓ 增强免疫力

完善搭配

 核桃 ＋ 牛奶 ＝ 补脾固肾、润燥益肺

 核桃 ＋ 梨 ＝ 清热解毒、止咳化痰

经典推荐

核桃楂米豆浆

材料

黄豆浆
200毫升
山楂片
小米
各20克

核桃仁
10克
白糖
适量

做法

❶ 将山楂片洗净，晒干或烘干，研成末；小米淘洗干净，沥干；核桃仁用温水浸泡1~2小时，磨成浆状。

❷ 待黄豆浆煮沸3~5分钟后，兑入核桃仁浆煮沸，再加入小米、山楂末搅拌均匀，加入白糖调味即可。

营养小磨坊

核桃 + 黄豆 = 健脾养胃、增进食欲

滋养胃脾、益智健脑 　　帮助消化、增进食欲

薄荷

薄荷

清凉醒脑的良药

选购导航

外表为黄褐带紫或绿色，茎断面接近白色，叶片多皱缩破碎，质脆，易折，有特殊且强烈的香气，具有清凉感。

性味归经

味辛，性凉。归肺、肝经。

养生效用

√ 宣散风热　　√ 清利头目　　√ 稳定情绪

√ 改善风热感冒　　√ 缓解头痛、咽喉肿痛、牙痛

完善搭配

 薄荷 + 西瓜 = 清热利水、稳定情绪

 薄荷 + 红茶 = 生津止渴、提神醒脑

70

经典推荐

清凉薄荷豆浆

材料

绿豆
50克
黄豆
5克

薄荷叶
核桃仁
粳米
白糖
各适量

做法

❶ 将黄豆、绿豆和粳米分别用清水浸泡至软，洗净；薄荷叶洗净，切碎。

❷ 将全部材料一同放入全自动豆浆机中，加入适量水制成豆浆，将豆浆过滤，加入白糖调味即可。

营养小磨坊

 薄荷 +  绿豆 = 疏散风热、清热解表、祛风消肿

疏风散热、清头目、利咽喉

清热解毒、清洁肌肤

菊花

散风清热又养肝

颜色太鲜艳、太漂亮的菊花不能选，应选有花萼，且颜色偏绿的菊花。

性味归经

味甘、苦，性微寒。归肺、肝经。

养生效用

√ 散风清热 √ 平肝明目 √ 缓解头痛眩晕

√ 改善目赤肿痛 √ 预防冠心病、高血压

完善搭配

 菊花 + 山楂 = 改善心肌供血不足

 菊花 + 丝瓜 = 祛风化痰、凉血止血

菊花枸杞豆浆

材料

黄豆
60克

枸杞子
6克

菊花
5克

冰糖
适量

做法

❶ 将黄豆用清水浸泡至软，洗净；枸杞子、菊花分别洗净。

❷ 将全部材料一同放入全自动豆浆机中，加入适量水制成豆浆。将豆浆过滤后，加冰糖调味即可。

营养小磨坊

菊花 + 枸杞子 = 益精明目、散风清热

清热去火、缓解眼睛疲劳

滋补肝肾，益精明目

73

营养米糊保证身体安好

第三篇

小麦

小麦

养心除烦的良药

选购导航

选购时最好到大商场、大超市购买加贴「QS」（质量安全）标志的产品，并根据不同用途选购不同的专用小麦粉。

性味归经

味甘，性凉。归心、脾、肾经。

养生效用

☑ 强化胰岛素的功能　☑ 促进人体的糖类代谢

☑ 调理胃肠　☑ 安定神经　☑ 养心益肝

完善搭配

小麦 ＋ 山药 ＝ 可预防及改善便秘

小麦 ＋ 玉竹 ＝ 滋阴润肺、补养肝脏

经典推荐

小麦糯米米糊

材料

小麦仁
50克

糯米
50克
红枣
3个
白糖
适量

做法

❶ 将小麦仁、糯米分别泡软，洗净，备用。

❷ 将小麦仁、糯米和去核红枣一同放入米糊机中，加入适量清水，搅打成米糊即可。

❸ 加白糖调味即可。

营养小磨坊

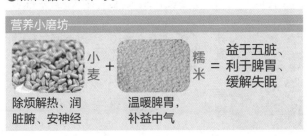

小麦 + 糯米 = 益于五脏、利于脾胃、缓解失眠

除烦解热、润脏腑、安神经

温暖脾胃，补益中气

荞麦

润肠通便的「净肠草」

选购导航

挑选荞麦的时候最好选择颗粒均匀的，这样的荞麦在煮食的过程中受热均匀，会在同一时间内煮熟，利于我们的食用。

性味归经

味甘，性凉。归脾、胃、大肠经。

养生效用

☑ 增强血管弹性　☑ 降血脂　☑ 促进新陈代谢

☑ 防治糖尿病　☑ 止咳平喘

完善搭配

荞麦 ＋ 黄豆 ＝ 改善肺气病及心血管疾病

荞麦 ＋ 葱 ＝ 对人体健康有益，促进儿童成长

经典推荐

荞麦花生米糊

材料

荞麦
50克
糙米
40克

熟花生
15克
白糖
适量

做法

❶ 将荞麦、糙米分别浸泡至软，淘洗干净。

❷ 将除白糖外的所有材料一同放入全自动豆浆机中，加入适量清水，搅打成米糊。

❸ 根据个人口味加入适量白糖调味即可。

营养小磨坊

荞麦 + 花生 = 富含丰富的营养，益于脾胃健康

促进新陈代谢、清热解毒   益智健脑、增强记忆力

燕麦

选购导航

由于燕麦皮厚，淀粉含量少，因此，人们最常食用的是燕麦片，选择含糖量少的为佳。

护脂护心的极品

性味归经

味甘，性温。归脾、肝经。

养生效用

☑ 补益脾肾　☑ 润肠通便　☑ 降低血糖

☑ 预防骨质疏松　☑ 增强体力　☑ 预防心脑血管病

完善搭配

 燕麦 + 狝猴桃 = 可美白肌肤，滋阴润肺

 燕麦 + 红枣 = 可补血养血、润肠通便

经典推荐

燕麦绿豆米糊

材料

燕麦片
100克

薏米
50克
绿豆
25克
白糖
适量

做法

❶ 将薏米、绿豆分别浸泡至软，淘洗干净。

❷ 将薏米、燕麦片、绿豆一同放入全自动豆浆机中，加入适量清水，搅打成米糊。

❸ 最后加入白糖调味即可。

营养小磨坊

燕麦 + 绿豆 = 清热祛火、缓解便秘

补益脾肾、润肠通便

保护胃肠黏膜、清热解毒

薏米

生命健康之禾

选购导航

薏米以粒大完整、饱满、结实、杂质及粉屑少者为佳，宜装于有盖密封容器内。

性味归经

味甘，性微寒。归脾、肺、胃经。

养生效用

| ☑ 强筋骨 | ☑ 健脾胃 | ☑ 消水肿 | ☑ 祛风湿 |

☑ 清肺热　　☑ 促进新陈代谢　　☑ 增强免疫功能

完善搭配

 薏米 + 银耳 = 滋补生津、适合脾虚者

薏米 + 牛奶 = 消除粉刺、褐斑、滋润皮肤

经典推荐

西红柿薏米糊

材料

薏米
50克
粳米
40克

西红柿
1个
白糖
适量

做法

❶ 将薏米、粳米浸泡至软，淘洗干净；西红柿洗净，去皮，切块。

❷ 将薏米、粳米、西红柿块一同放入米糊机中，加入适量清水，搅打成米糊。加入白糖调味即可。

营养小磨坊

薏米 +

西红柿 =

富含多种营养，有助于调理脏腑

健脾祛湿、增强免疫功能

帮助消化、润肠通便

小米

（补脾胃又除燥热）

选购导航

质量较好的小米米粒大小、颜色均匀，呈乳白色、黄色或金黄色，有光泽，很少有碎米，无虫，无杂质；闻起来有清香味，无其他异味；尝起来味佳，微甜。

性味归经

味咸，性凉。归肾、脾、胃经。

养生效用

√ 滋阴养血　√ 补气健脾　√ 消积止泻

√ 维持生殖系统的正常发育　√ 滋阴养血

完善搭配

小米 ＋ 洋葱 ＝ 生津止渴，降脂，降血糖

小米 ＋ 桑椹 ＝ 营养丰富，对健康有益

经典推荐

小米米糊

材料

小米
30克

玉米糁
25克

白糖
适量

小米

做法

❶ 将小米和玉米糁分别浸泡至软，淘洗干净。

❷ 将小米和玉米糁一同放入米糊机中，加入适量清水，待米糊制作好后倒入碗中。

❸ 加入适量白糖即可。

营养小磨坊

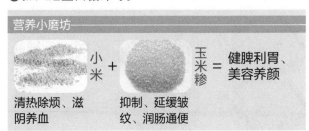

小米 ＋ 玉米糁 ＝ 健脾利胃、美容养颜

清热除烦、滋阴养血　　抑制、延缓皱纹、润肠通便

糙米

疏通肠胃的健康帮手

选购导航

选购时要检查米粒是否饱满，颜色是否是黄褐色，外观上看，粗糙，而不是纯米色。

性味归经

味甘，性平。归大肠经。

养生效用

☑ 降低胆固醇　☑ 保护心脏　☑ 缓解腰膝酸痛

☑ 预防动脉粥样硬化　☑ 改善皮肤粗糙

完善搭配

糙米 ＋ 牛奶 ＝ 可通肠利便，对痔疮、便秘有良好的作用

糙米 ＋ 大豆 ＝ 可缓解女性更年期综合征

经典推荐

枸杞花生糙米糊

材料

糙米
50克

枸杞子
红枣
花生
红糖
各适量

做法

❶ 将糙米浸泡至软，淘洗干净；枸杞、去核红枣清洗干净，备用。

❷ 将除红糖外的材料一同放入米糊机中，加适量清水，搅打成米糊，加入红糖调味即可。

营养小磨坊

糙米 + 花生 = 缓解压力、健脑醒目

可有效改善肠胃功能

养血补血，益气补身

糯米

健脾养胃又防病

选购导航

挑选时以米粒饱满、有光泽、没有杂质和虫蛀现象者为佳。

性味归经

味甘，性温。归脾、胃、肺经。

养生效用

√ 补养人体正气　√ 御寒滋补　√ 健脾养胃

√ 改善头昏眼花　√ 抑制多汗　√ 温暖脾胃

完善搭配

 糯米 + 红枣 = 健脾养胃、清热止血

糯米 +  红豆 = 温补脾胃、益气补虚

山药糯米米糊

材料

糯米
100克

山药
80克
白糖
适量

做法

❶ 将糯米浸泡至软,淘洗干净,控水备用;山药洗净,去皮,切块。

❷ 将糯米和山药块一同放入米糊机中,加入适量清水,搅打成米糊,加入白糖调味即可。

营养小磨坊

糯米 + 山药 = 具有缓解疲劳和提神的作用

滋补营养、
健脾养胃

能够提高机体
抵抗力

89

粳米

粳米

补充营养的基础食物

选购导航

优质的粳米硬度强。此外，挑选粳米时要认真观察米粒颜色，表面呈灰粉状或有白道沟纹的是陈米，灰粉或沟纹量越多则说明粳米越陈旧。

性味归经

味甘，性平。归脾、胃经。

养生效用

☑ 为人体补充营养素　☑ 预防脚气病　☑ 清肺养阴

☑ 消除口腔炎症　☑ 滋阴强身　☑ 补脾和胃

完善搭配

 粳米 ＋ 花生 ＝ 健脾开胃、养血通乳

 粳米 ＋ 土豆 ＝ 含多种营养素，可强身健体

90

二米燕麦米糊

材料

粳米
小米
小麦仁
燕麦
各20克
红枣
黄豆
葡萄干
各5克

做法

❶ 将黄豆浸泡至软，洗净；粳米、小米、小麦仁分别浸泡，洗净。

❷ 将全部材料放入米糊机中，加入适量清水，待米糊制作好后盛出即可。

营养小磨坊

粳米 + 小米 = 补益气血、增强身体免疫力

粳米
补脾、和胃、清肺

小米
滋阴养血、补气健脾

玉米

健脾利湿的『珍珠米』

选购导航

挑选玉米时，宜选择果身修长、颗粒饱满、色泽金黄者，若有发霉迹象千万不能购买。

性味归经

味甘，性平。归脾、胃、小肠经。

养生效用

☑ 健脑益智　　☑ 利尿降压　　☑ 有效预防脑功能退化

☑ 增强记忆力　☑ 降低胆固醇　☑ 防癌抗癌

完善搭配

 玉米 + 木瓜 ＝ 预防慢性肾炎和冠心病

 玉米 + 牛奶 ＝ 开胃健脾、强身健脑

燕麦玉米米糊

材料

玉米
150克

燕麦片
100克
红糖
适量

做法

❶ 将玉米搓成粒淘洗干净，备用。

❷ 将玉米粒和燕麦片一同放入米糊机中，加适量清水，搅打成米糊。

❸ 最后加入适量红糖调味。

营养小磨坊

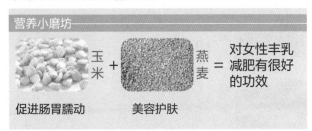

玉米 + 燕麦 = 对女性丰乳减肥有很好的功效

促进肠胃蠕动　　美容护肤

黑米

药食兼用的『长寿米』

选购导航
优质的黑米有光泽，将米粒外面的皮层刮掉，米粒呈白色。优质的黑米米粒大小均匀、闻起来有一种清香味，购买时需要注意辨别。

性味归经
味甘，性温。归脾、胃经。

养生效用

☑ 开胃益中　　☑ 健脾暖肝　　☑ 改善头晕目眩

☑ 降低胆固醇　☑ 预防冠状动脉硬化　☑ 养肝明目

完善搭配

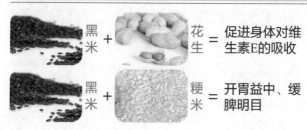

黑米 ＋ 花生 ＝ 促进身体对维生素E的吸收

黑米 ＋ 粳米 ＝ 开胃益中、缓脾明目

黑豆黑米糊

材料

黑米
100克

黑豆
90克

黑木耳
50克

做法

❶将黑豆、黑米分别浸泡至软，洗净；黑木耳洗净，撕小片。

❷将黑豆、黑米、黑木耳片一同放入米糊机中，加入适量清水，搅打成米糊即可。

营养小磨坊

黑米
滋阴补肾、延缓衰老
+
黑豆
富含优质蛋白质，补充营养
=
健脾养肝、提高身体免疫力

95

花生

健脑益智的『长生果』

选购导航
优质的带荚花生和去荚果仁均颗粒饱满、形态完整、大小均匀，选购时需分别注意。

性味归经

味甘，性平。归肺、脾经。

养生效用

✓ 健脑益智　✓ 增强记忆力　✓ 促进生长发育

✓ 预防肿瘤　✓ 延缓人体衰老　✓ 润肺止咳

完善搭配

花生 + 黑芝麻 = 美容养颜、乌黑亮发

花生 + 红枣 = 滋阴养血、润肠通便

经典推荐

粳米花生米糊

材料

粳米
100克

花生
50克

黑芝麻
30克

白糖
适量

做法

❶ 将粳米泡软，洗净。

❷ 将粳米、花生、黑芝麻一同放入米糊机中，加入适量清水，搅打成米糊。

❸ 加入适量白糖进行调味即可。

营养小磨坊

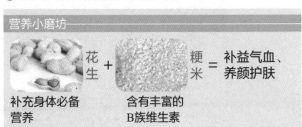

花生 + 粳米 = 补益气血、养颜护肤

补充身体必备营养　　含有丰富的B族维生素

第四篇

鲜美蔬果汁，健康好心情

西红柿

养血补血的『爱情之果』

选购导航

选购时以果实饱满圆润、硬实有弹性，表皮无伤疤的西红柿为佳。而且要选成熟适度的西红柿，青西红柿或过熟的西红柿都不宜选购或食用。

性味归经

味甘，性凉。归胃、肝经。

养生效用

√ 润肠通便　√ 预防动脉粥样硬化　√ 可降脂降压

√ 降低胆固醇　√ 防冠心病　√ 减缓色斑延缓衰老

完善搭配

西红柿 ＋ 酸奶 ＝ 凉血平肝、补虚降脂

西红柿 ＋ 圆白菜 ＝ 含微量元素，能益气生津

经典推荐

西红柿苹果汁

材料

苹果块
50克

西红柿
40克
柠檬汁
蜂蜜
各1大匙

做法

❶ 将苹果块、西红柿块放入榨汁机中搅拌，滤果渣，倒入杯中。

❷ 根据个人喜好在杯中加入柠檬汁、蜂蜜，调味后即可饮用。

营养小磨坊

西红柿
含维生素C、
多种无机盐

\+

苹果
调整胃肠、
消除便秘

\=

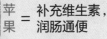
补充维生素，
润肠通便

101

菠菜

营养『红嘴绿粉』好

选购导航
选购时以叶柄短、根小色红、叶色深绿的为好。

性味归经

味甘，性凉。归大肠、胃、肝经。

养生效用

☑ 促进肠胃蠕动　☑ 保护视力　☑ 促进生长发育

☑ 抗衰老　☑ 预防阿尔茨海默病　☑ 通肠利便

完善搭配

菠菜 ＋ 鸡蛋 ＝ 增强体质，适合营养不良者

菠菜 ＋ 胡萝卜 ＝ 改善心脑血管方面的疾病

经典推荐

香蕉菠菜汁

材料

菠菜
适量

香蕉
1根

豆浆
1杯

碎花生
1小匙

做法

❶ 将菠菜去根洗净，切碎，氽烫至熟。

❷ 将香蕉剥皮，切成2厘米长的段。

❸ 将碎菠菜与香蕉段放进榨汁机中，加豆浆搅拌，成汁后撒碎花生即可。

营养小磨坊

菠菜 + 香蕉 = 提高免疫力，增强机体抗病能力

有植物粗纤维，助消化

降低血压、缓解肌肉痉挛

芹菜

降压降脂的『厨房药物』

选购导航

购买时宜选择干净、肉厚、质密的芹菜，且菜心结构要完好，分枝应脆嫩易折。

性味归经

味甘，性凉。归肺、胃、肝经。

养生效用

| √ 降血压 | √ 消除烦躁情绪 | √ 镇静安神 |
| √ 利尿消肿 | √ 预防高血压 | √ 养血补虚 |

完善搭配

 芹菜 + 莲藕 = 滋补身体、消除疲劳

 芹菜 + 核桃 = 降血压、补肝益肾

苹果芹菜汁

材料

苹果
30克

胡萝卜
25克
芹菜丁
40克
冰糖
适量

做法

❶ 将胡萝卜丁、苹果丁、芹菜丁分别洗净，与凉开水放入榨汁机中榨汁。

❷ 在榨好的苹果芹菜汁中加入冰糖，冷却后可食用。

营养小磨坊

苹果 + 芹菜 = 润肠通便，美容养颜

促进消化、淡化细纹　　富含维生素，能养发润肤

土豆

人体必备的『第二面包』

选购导航
土豆以形状丰满、表面无伤痕或皱纹者为佳，不可挑选外皮呈现绿色或发芽的土豆。

性味归经 ●

味甘，性平。归胃、大肠经。

养生效用

☑ 和中养胃　☑ 健脾利湿　☑ 补充营养

☑ 利水消肿　☑ 降血压　☑ 降血脂　☑ 宽肠通便

完善搭配

土豆 ＋ 西红柿 ＝ 和中养胃、健脾利湿

土豆 ＋ 西瓜 ＝ 促进肠胃蠕动，有效预防便秘

胡萝卜土豆汁

材料

土豆
1个

西瓜
1/4个

胡萝卜
1/3根

西红柿
熟蛋黄
各半个

蜂蜜
1大匙

做法

❶ 将胡萝卜、西红柿、土豆洗净，切块；西瓜取瓤洗净，备用。

❷ 将做法❷中的材料放入榨汁机中，倒入熟蛋黄与蜂蜜，加水搅打后即可食用。

营养小磨坊

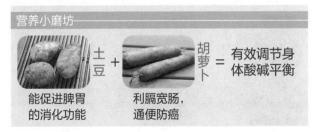

土豆 + 胡萝卜 = 有效调节身体酸碱平衡

能促进脾胃的消化功能　　利膈宽肠，通便防癌

木瓜

营养丰富的水果佳品

选购导航
选购木瓜时，一般以大半熟的程度为佳，肉质爽滑可口。购买时用手触摸，果实坚而有弹性者为佳。

性味归经
味酸，性温。归肝、脾经。

养生效用

√ 提高免疫力　√ 平肝和胃　√ 健脾消食

√ 活血散寒　√ 祛湿舒筋　√ 防癌抗癌

完善搭配

 木瓜 ＋ 牛奶 ＝ 清凉爽口、增强体质

 木瓜 ＋ 莲子 ＝ 滋润皮肤、清心润肺

经典推荐

木瓜玉米奶汁

材料

木瓜
1/4个

熟玉米
1根
热牛奶
2杯
冰糖
适量

做法

❶ 将木瓜洗净，去皮及籽，切成小块。

❷ 搓下煮熟的玉米粒，同木瓜块一同放入榨汁机中进行榨汁。

❸ 冲入热牛奶，再加入冰糖调味即可。

营养小磨坊

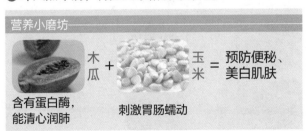

木瓜 + 玉米 = 预防便秘、美白肌肤

含有蛋白酶，能清心润肺

刺激胃肠蠕动

西瓜

解暑的『瓜中之王』

选购导航

一手托西瓜，一手轻轻地拍打，或者用食指和中指进行弹打，成熟的西瓜，敲起来会发生比较沉闷的声音，不成熟的西瓜敲起来声脆。

性味归经

味甘，性寒。归心、胃、膀胱经。

养生效用

✓ 清热解暑　✓ 除烦生津　✓ 增加皮肤弹性

✓ 润肠通便　✓ 消肿利尿　✓ 补充人体水分

完善搭配

 西瓜 ＋ 樱桃 ＝ 使肌肤润泽、光滑

 西瓜 ＋ 苹果 ＝ 提神醒脑、滋养皮肤

荸荠西瓜汁

材料

荸荠
10克

西瓜
半个
莴笋块
适量

做法

❶ 用勺子挖出西瓜瓤。

❷ 将荸荠洗净，去皮，切成小块。

❸ 将分别材料一同放入榨汁机中榨汁，将榨好的汁倒入容器中即可食用。

营养小磨坊

西瓜

所含营养素能清热凉暑

+

荸荠

营养丰富且具有极高的价值

=

能补足身体各部所需的营养

香瓜

除烦解渴的佳品

优质的香瓜在瓜蒂处，用手一揪，根茎就掉下来，留下一个圆圆的坑；另外，优质香瓜的瓜顶有一个又圆又大的脐印。要是这个瓜顶脐印很小，就说明它还没长开，再大的也不甜。

性味归经

性寒，味甘。归心、胃经。

养生效用

☑ 清热解暑　☑ 除烦躁　☑ 可消除口臭

☑ 利小便　☑ 通三焦　☑ 补养肝脏　☑ 降血脂

完善搭配

 香瓜 + 黄瓜 = 预防并改善高血压

 香瓜 + 糯米 = 清暑止渴，除烦利水

经典推荐

香瓜柠檬汁

材料

香瓜
半个
油菜
1棵

柠檬
2片

做法

❶ 将香瓜洗净，去瓤，切成2厘米见方的小块；油菜洗净，切碎；柠檬去皮，切块。

❷ 将1杯凉开水倒入榨汁机中，再将做法❶中的所有材料倒入，榨汁即可食用。

营养小磨坊

 香瓜 + 柠檬 = 可以补钙、增强体质

解暑止渴、除烦热　　柠檬有香气，可消除疲劳

113

草莓

草莓

甜美可人的『水果皇后』

选购导航

选购草莓时，以果粒完整，富有光泽、红熟、艳丽、无外伤、无病虫害者为佳。如变褐色、软烂并有汁液流出，表示已腐坏。

性味归经

味甘，性凉。归脾、胃、肺经。

养生效用

√ 明目养肝　√ 助消化，通大便　√ 改善贫血

√ 预防高血压、高血脂　√ 减少脂肪、有助减肥

完善搭配

 草莓 + 山楂 = 润肺健脾、消食减肥

 草莓 + 红糖 = 泻热止咳、利咽润肺

经典推荐

草莓椰奶汁

材料

草莓
10颗
枇杷
5颗
椰奶
1大匙
椰肉
半大题
白糖
适量

做法

❶ 将草莓去蒂，洗净，切块；枇杷洗净，去核、皮后切成小块。

❷ 将草莓块、枇杷块与椰奶、白糖放入榨汁机中，加凉开水搅打成汁，最后加椰肉混合即可。

营养小磨坊

草莓 + 白糖 = 有助骨骼和牙齿的发育

生津润肺、健脾　　增强体质、补充钙质

葡萄

滋阴补血『夜明珠』

选购导航

新鲜且成熟适度的葡萄果粒饱满，大小均匀，青子和瘪子较少。新鲜葡萄用手轻轻提起时，果粒牢固，落子较少。优质葡萄果浆多而浓，味甜，且有玫瑰香或草莓香。

性味归经

味酸，性平。归脾、肾、肺经。

养生效用

√ 除烦解渴	√ 健胃益气	√ 改善贫血
√ 开胃健脾	√ 预防低血糖	√ 延缓衰老

完善搭配

 葡萄 + 蜂蜜 = 除烦止渴，能减轻咽干津少

 葡萄 + 枸杞子 = 富含多种维生素，营养全面

紫葡萄菠萝汁

材料

紫葡萄
120克

菠萝块
80克
西红柿
苹果块
冰块
各适量

做法

❶ 将紫葡萄、菠萝块、苹果块洗净；西红柿洗净切块，备用。

❷ 将全部材料一同放入榨汁机中榨成汁。

❸ 然后将榨好的汁入杯中，放冰块，调匀即可饮用。

营养小磨坊

 葡萄 + 菠萝 = 为人体补充大量的糖分

补肝肾、益气 　　有改善大脑缺氧的功效

柑橘

补阴益气的保健佳果

选购导航

选购柑橘时，以中等大小、颜色橙红或橙黄、皮光滑，用两手指轻压，弹性好的为佳。

性味归经

味甘、酸，性温。归肺、胃经。

养生效用

☑ 通络化痰　☑ 顺气活血　☑ 调节机体新陈代谢

☑ 缓解消化不良　☑ 改善脘腹闷胀　☑ 预防高血压

完善搭配

 柑橘 + 草莓 = 可起到美容的效果

 柑橘 + 冰糖 = 促进人体对维生素C的吸收

柠檬橘香蜜汁

材料

柑橘
2个

柠檬汁
蜂蜜
各2小匙
碎冰
适量

做法

❶ 将柑橘去皮，分瓣，去核，备用。

❷ 将柑橘瓣放入榨汁机中，加入碎冰一起搅打均匀，倒入杯中。

❸ 加入蜂蜜、柠檬汁调味即可。

营养小磨坊

柑橘
含维生素C、
柠檬酸、
+
柠檬
含有大量的维
生素C
=
协助人体分
泌肾上腺皮
质素以对抗
压力

橙子

和中开胃的圣果

选购导航

买橙子特别是脐橙时要选正常颜色的。看表皮的皮孔，好橙子表皮皮孔较多，摸起来比较粗糙，而质量不好的橙表皮孔较少，摸起来相对光滑。

性味归经

味甘、酸，微凉。归肺经。

养生效用

✓ 消痰降气	✓ 和中开胃	✓ 宽膈健脾	✓ 抗氧化
✓ 醒酒解渴	✓ 通便利尿	✓ 增强毛细血管韧性	

完善搭配

 橙子 + 西红柿 = 消除疲劳，增强肌肤光泽

 橙子 + 蜂蜜 = 清热生津，适合秋天食用

经典推荐

甜椒橙子汁

材料

甜椒
1个

橙子
2个

做法

❶ 将甜椒清洗干净，去蒂、籽；橙洗净，去皮，去核，备用。

❷ 将甜椒、橙分别切成2厘米见方的小块，然后一起放入榨汁机中，加半杯凉开水榨成汁即可饮用。

营养小磨坊

橙子 + 甜椒 = 增进食欲，有益于消化

含有丰富的维生素　　刺激食欲、预防便秘

柠檬

美白肌肤又抗衰

选购导航

优质柠檬个头中等，果形椭圆，两端均突起而稍尖，似橄榄球状。成熟者皮色鲜黄，具有浓郁的香气。

性味归经

味极酸，性微寒。归胃、肝、肺经。

养生效用

☑ 消除皮肤表面的沉着色素　☑ 使皮肤光洁

☑ 能洁白牙齿　☑ 消除疲劳　☑ 振奋精神

完善搭配

 柠檬 + 蜂蜜 = 清热解毒、排毒养颜

 柠檬 + 木瓜 = 缓解便秘、防癌抗癌

经典推荐

柠檬胡萝卜汁

材料

胡萝卜
半根

柠檬
半个
芹菜
2根
蜂蜜
适量

做法

❶ 将胡萝卜洗净，切块；芹菜洗净，切段；柠檬挤汁，备用。

❷ 将胡萝卜块、芹菜段放入榨汁机中榨汁，再加入柠檬汁，蜂蜜调味即可。

营养小磨坊

柠檬 + 胡萝卜 = 可增强身体抵抗力，还可延缓衰老

含维生素C，美容护肤

含丰富的营养元素

菠萝

（开胃消食的水果）

选购导航

挑选菠萝时要注意色、香、味三方面：果实青绿、坚硬、没有香气的菠萝不够成熟。色泽已经由黄转褐，果身变软，溢出浓香的便、成熟果实。

性味归经

味甘、微涩，性平。归脾、胃经。

养生效用

☑ 解毒清热　☑ 和胃理气　☑ 帮助消化

☑ 减轻咽痛　☑ 预防血管栓塞　☑ 消脂减肥

完善搭配

 菠萝 + 冰糖 = 生津止咳、醒酒开胃

 菠萝 + 蜂蜜 = 缓解哮喘带来的不适症状

芹菜菠萝蜜汁

材料

菠萝
100克

胡萝卜
芹菜
各100克
蜂蜜
酵母粉
各1小匙

做法

❶ 将芹菜、胡萝卜、菠萝分别洗净或去皮后切小块。

❷ 将做法❶中的材料放入榨汁机中，加入适量凉开水、蜂蜜及啤酒酵母粉，搅打均匀即可。

营养小磨坊

菠萝 + 胡萝卜 = 润肠通便、防治便秘

增加肠胃蠕动，清理肠胃　　含有大量的胡萝卜素

125

柚子

柚子

理气化痰又润肺

选购导航

挑选柚子分为两步走，第一步是闻，第二步是敲。闻，就闻柚子是否有香气，成熟的柚子都有浓郁的芳香味；敲，就是指用手敲打柚子的外皮，果皮有弹性且无下陷者，即为佳品。

性味归经

味甘、酸，性寒。归胃、肺经。

养生效用

☑ 消食和胃　☑ 理气化痰　☑ 解酒毒　☑ 止咳平喘

☑ 美容护肤　☑ 降血糖　☑ 清胃肠燥热

完善搭配

 柚子 + 西红柿 = 可补充多种维生素，提高机体免疫力

 柚子 + 绿茶 = 行气消食、止痛功效

经典推荐

柠檬柚香梨汁

材料

柚子
半个
牛蒂
80克

柠檬
雪梨
各30克

做法

❶将柠檬、雪梨、柚子分别去皮，去核，切片；牛蒡去皮，切丝。

❷将所有材料一同放入榨汁机中，加入少许凉开水，搅打均匀倒入杯中即可饮用。

营养小磨坊

柚子
健胃润肺、
补血清肠

+

柠檬
解暑开胃，
清热化痰

=

和胃化滞，
增强身体抵
抗力

水蜜桃

润肺止咳又止渴

选购导航
选购时以果体大、形状端正、外皮无伤、有桃毛、果色鲜亮的为佳。

性味归经 味甘、酸，性温。归肝、大肠经。

养生效用

☑ 促进肠胃蠕动　☑ 清理肠道废物　☑ 补血养颜

☑ 促进血液循环　☑ 可以解酒并改善宿醉

完善搭配

 水蜜桃 ＋ 牛奶 ＝ 营养丰富、清凉解渴

 水蜜桃 ＋ 酸奶 ＝ 补充多种维生素及矿物质

经典推荐

水蜜桃西红柿汁

材料

水蜜桃
2个
胡萝卜
半根
西红柿
1个
芹菜
适量
酸奶
半杯

做法

❶ 将胡萝卜、西红柿洗净，切块；水蜜桃洗净，去核，切块。

❷ 将做法❶中的材料及芹菜段一同榨汁后倒入杯中，加入酸奶调匀。

营养小磨坊

 水蜜桃 +  西红柿 = 通便顺肠，更能帮助调理身体

维生素、钙、磷等多种营养　　减少色斑、延缓衰老

129

猕猴桃

天然的维生素C

选购导航

优质的猕猴桃个大，肉质细腻，汁多香浓。一般果实表面无毛最好，软毛次之，硬毛最差。充分成熟的猕猴桃质地较软，有香气。

性味归经

味甘、酸，性寒。归胃、膀胱经。

养生效用

√ 美白皮肤　√ 消除忧郁　√ 对抗致癌物

√ 润肠通便　√ 降低高血压　√ 降低胆固醇

完善搭配

 猕猴桃 ＋ 红枣 ＝ 促进人体对铁的吸收

 猕猴桃 ＋ 酸奶 ＝ 能刺激肠胃蠕动，预防和缓解便秘

猕猴桃黄瓜汁

材料

猕猴桃
50克
圆白菜
黄瓜片
各20克
柠檬汁
蜂蜜
各1小匙
碎冰
少许

做法

❶ 将猕猴桃块、圆白菜、黄瓜片放入榨汁机中，加入凉开水搅打。

❷ 将榨好的汁倒入杯中，加入柠檬汁、蜂蜜以及碎冰调匀即可。

营养小磨坊

猕
猴
桃
＋

黄
瓜
＝
清凉可口、
促进消化，
使心情放松

维生素C、膳
食纤维、钾等

开胃消食，清
热利尿

131

第五篇

喝健康饮品，让你远离亚健康

喝出健康好身体

舒肝解郁

人体各部位的生理活动皆与肝有密切关系。如果肝有病，不仅可能出现血液方面的问题，还可能出现人体其他器官的生理功能问题。因此我们要重视保护肝脏，既要劳逸结合又要注意饮食健康。

食材推荐

胡萝卜　　西瓜　　柑橘　　薏米

材料

黄豆50克，牛奶100毫升，黑芝麻10克。

做法

❶ 将黄豆用清水浸泡至软，洗净；黑芝麻洗净后沥干水分，碾碎末。

❷ 将泡好的黄豆和黑芝麻末一同倒入全自动豆浆机中，加入适量的清水制成豆浆。

❸ 将豆浆过滤后加牛奶拌匀调味即可。

牛奶黑芝麻豆浆

材料

粳米100克，苹果、柠檬各1个，白糖适量。

做法

❶ 将粳米浸泡至软，淘洗干净；苹果、柠檬分别去皮，去核，切块。

❷ 将粳米、苹果块、柠檬块一同入米糊机中，加入适量清水，制成米糊。

❸ 加入白糖调味即可。

营养小磨坊 此款米糊营养丰富，益于肠胃，可调节心情。

柠檬苹果米糊

材料

海带1片，黄瓜1根，芹菜2根。

做法

❶ 将海带浸泡，切条；黄瓜充分浸泡洗净，切成小条；芹菜洗净切段。

❷ 将海带条、黄瓜条、芹菜段依次放入榨汁机中榨成汁。

营养小磨坊 芹菜具有疏肝理气的作用，此款蔬果汁有舒肝解郁的功效。

海带黄瓜芹菜汁

清心祛火

心是人体生命活动的主宰，在五脏中居于首要地位，统摄、协调其他脏腑的生理活动。心若为外邪盛蜡，就会受到伤害，导致神气丧失。暴喜伤心，心气涣散，会导致人体产生一系列心气不足的症状。因此养心重在保持心情的平和。

食材推荐

火龙果　　　绿豆　　　苦瓜　　　芹菜

材料

慈姑30克，桃肉、绿豆各20克（泡软），黄豆15克（泡软），小米适量。

做法

❶ 将小米淘洗干净，用清水浸泡2小时。

❷ 将所有材料一同倒入全自动豆浆机中，加适量水制成豆浆，倒入杯中即可饮用。

营养小磨坊 此款豆浆可清心祛火、补益气血。

慈姑桃米豆浆

材料

粳米100克，南瓜50克，绿豆25克。

做法

❶ 将粳米、绿豆分别浸泡至软，洗净；南瓜洗净，去皮，去籽，切丁。

❷ 将所有材料一同放入米糊机中，加入适量清水，制成米糊即可。

营养小魔法 绿豆可以清热祛火，南瓜可补中益气，此款米糊清心祛火效果极佳。

绿豆南瓜米糊

材料

火龙果块、菠萝块、蓝莓各50克，果糖1大匙，冰块适量。

做法

❶ 将除果糖、冰块外的所有材料一同入榨汁机。

❷ 将榨好的果汁倒入杯中，加入剩余材料搅拌均匀即可饮用。

营养小魔法 此款果汁具有清心祛火、稳定情绪、缓解焦虑的作用。

蓝莓菠萝汁

137

明目清心

心脏和眼睛如此重要，但是都很容易受到疾病和其他因素的影响，进而影响到其功能的正常发挥。例如，吸烟饮酒可以加重心脏的负担，甚至会引起心律失常，并影响脂肪代谢，从而可能引起动脉硬化。

食材推荐

枸杞子　　　胡萝卜　　　苹果　　　黄瓜

材料

黄豆（泡软）100克，枸杞子50克，胡萝卜20克，白糖适量。

做法

❶ 将除白糖外的所有材料一同放入全自动豆浆机中，加入适量的清水制成豆浆。

❷ 将豆浆过滤，加入适量白糖调味。

枸杞萝卜豆浆

营养小魔坊 此款豆浆具有滋补肝肾、益精明目的作用。

材料

粳米150克，香蕉1根，苹果丁、梨丁各30克，白糖适量。

做法

❶ 将粳米泡软，淘洗干净；香蕉切丁，备用。

❷ 将粳米、香蕉丁、苹果丁、梨丁一同放入米糊机中，加入适量清水，制成米糊，加入白糖调味。

营养小魔坊 此款米糊清凉可口，可润燥、清热。

粳米水果米糊（糊）

材料

菠菜100克，鸭梨、西红柿各1个，鸡蛋1个（取蛋黄），蜂蜜1小匙。

做法

❶ 将菠菜洗净，切段；鸭梨去皮，去心，切块；西红柿洗净去皮切块。

❷ 将所有材料一起放入榨汁机中混合搅匀即可。

营养小魔坊 此款蔬果汁有明目清心的作用，可帮助保护视力。

菠萝西红柿汁（汁）

强身健体

孩子正处于发育期，保持身体健康十分重要。另外，由于学习压力过大，有些孩子免疫力容易下降，经常出现感冒等症状。这不但不利于孩子的身体发育，而且会影响孩子的学习。因此，要提高其身体免疫力。

食材推荐

开心果　　牛奶　　红豆　　西兰花

材料

黄豆60克（泡软），开心果20克（去壳），牛奶250毫升，白糖适量。

做法

❶ 将开心果和泡好的黄豆一同倒入全自动豆浆机中，加入适量的清水制成豆浆。

❷ 加白糖调味，倒入牛奶搅拌均匀即可。

开心果奶豆浆

营养小魔方 此款豆浆具有理气解郁、强身健体的作用。

材料

小米50克，红豆30克，燕麦片、熟黑芝麻各15克，红糖适量。

做法

❶ 将小米、红豆分别浸泡至软，淘洗干净。

❷ 将除红糖外的所有材料一同入米糊机中，加入适量清水，制作成米糊。

❸ 加入红糖调味即可。

营养小磨坊 此款米糊益于脾胃，可滋补身体、安定心神。

燕麦黑芝麻糊

材料

苹果块120克，西兰花块100克，菠菜50克，蜂蜜半小匙。

做法

❶ 将菠菜洗净，切段。

❷ 将所有材料与适量水一同倒入榨汁机中榨汁。

❸ 再加入100毫升凉开水搅打均匀即可。

营养小磨坊 此款蔬果汁具有缓解疲劳、安神健体的养生作用。

西兰花苹果汁

141

健脾益气

脾的运化功能可分为运化水谷和运化水湿两个方面。运化水谷是指对食物进行消化和吸收。运化水湿是指对水液的吸收、转输、布散和排泄的作用。若脾气虚弱，统血功能失调，血液运行失常，以致出血等。

食材推荐

小麦　　花生　　牛奶　　山药

材料

黄豆50克，小麦仁25克，红枣肉末20克，核桃仁末适量。

做法

❶ 将黄豆浸泡至软，淘洗干净；小麦仁用清水浸泡2小时。

❷ 将全部材料一同倒入全自动豆浆机中，加入适量水制成豆浆即可。

营养小窍门 此款豆浆具有健脾益气、延缓衰老的作用。

小麦核桃豆浆

材料

粳米100克，去核红枣3颗，熟花生、桂圆、红糖各适量。

做法

❶ 将粳米浸泡至软；桂圆去壳。

❷ 将除红糖外的所有材料一同放入米糊机中，加入清水，制成米糊。

❸ 加入红糖调味即可。

营养小提示 此款米糊可以补益气血，健脾安神。

花生桂圆米糊 糊

材料

牛奶300毫升，哈密瓜1/4个，葡萄干1小匙，梨块、炼乳各适量。

做法

❶ 梨块、葡萄干、炼乳、哈密瓜与200毫升的牛奶一同入榨汁机中。

❷ 加入剩余的100毫升牛奶打匀。

营养小提示 此款果汁具有健脾胃、益肝肾的作用，适合女性饮用。

葡萄哈密瓜汁 汁

润肺滋阴

肺主气的功能决定了它与呼吸有关。人体通过肺的呼吸功能从自然界吸入清气，又把体内的浊气排出体外。若肺发生病变，会出现闷闷、咳嗽、气喘等现象。肺有调节水液代谢的功能，若此功能失常，身体会出现水肿等症。

食材推荐

杏仁　　　百合　　　苹果　　　松子

材料

黄豆50克，松子10克，甜杏仁5克，冰糖适量。

做法

❶ 将黄豆用清水浸泡至软，捞出洗净备用。

❷ 将除冰糖外的材料一同放入全自动豆浆机中，加入适量水制成豆浆。

❸ 趁热加冰糖调味即可。

营养小魔坊 甜杏仁和松子都有润肤养颜的作用，还能滋阴润肺。

松子杏仁豆浆

材料

粳米、薏米各50克，鲜百
合20克，白糖适量。

做法

❶ 将粳米、薏米浸泡至
软，淘洗干净；鲜百合洗
净，撕小片。

❷ 将粳米、薏米、鲜百合
片一同放入米糊机中，加
入适量清水，制成米糊。

❸ 加入白糖调味即可。

营养小磨坊 此款米糊有润
肺滋阴的效果。

百合薏米糊

材料

苹果1个，桑果酱50克，
冰块适量。

做法

❶ 将苹果切成小块。

❷ 将苹果块、桑果酱及
适量凉开水放入榨汁机中
搅打成汁，倒入杯中并放
入冰块即可饮用。

营养小磨坊 苹果酸甜可口，
营养丰富，所以，此款果汁
润肺滋阴，因此非常适宜秋
季饮用。

苹果桑果汁

健体固肾

肾精能化气，肾精所化之气，称为肾气。肾气保证了人体的健康。肾中精气的盛衰，影响着人体的生长、发育，以及生殖功能的旺盛与衰减。饮食无度无规会增加肾脏的负担；因工作忙而长时间憋尿，会导致尿路感染和肾盂肾炎。

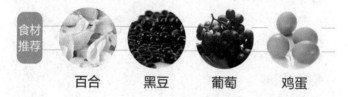

食材推荐

百合　　黑豆　　葡萄　　鸡蛋

材料

绿豆80克，百合30克，菊花10克，冰糖适量。

做法

❶ 将上述材料一同倒入全自动豆浆机中，加入适量水制成豆浆。

❷ 将豆浆过滤，加入冰糖搅拌调味即可。

（营养小魔方）百合具有润肺止咳的作用；绿豆可清热解毒、解暑消渴。此款豆浆能缓解口腔溃疡。

绿豆百合豆浆（浆）

材料

黑米50克，黑豆30克，红糖适量。

做法

❶ 将黑米、黑豆分别浸泡至软，淘洗干净备用。

❷ 将黑米、黑豆一同放入米糊机中，加入适量清水，制成米糊。

❸ 加入红糖调味即可。

营养小磨坊 此款米糊具有滋补肝肾、提高身体免疫力的作用，适合女性饮用。

材料

苹果2个，水晶葡萄、冰块各适量。

做法

❶ 将苹果洗净，去皮，去心，切条；葡萄洗净，去籽。

❷ 先加入半杯凉开水，然后将苹果条、葡萄一同放入榨汁机中榨汁，最后将冰块放入榨汁中。

营养小磨坊 此款果汁可以排除毒素，健体固肾。

暖身养胃

胃是人体消化和吸收的重要器官。胃气旺盛，食物才能得到正常的消化，并进一步进入小肠。如果胃的消化功能出现了障碍，就会影响人体对营养物质的吸收。然而，由于各种原因，很多人经常会出现胃不适的症状。

食材推荐

南瓜　　　牛奶　　　红枣　　　枸杞子

材料

黄豆60克，南瓜30克。

做法

❶ 将黄豆用清水浸泡至软，洗净；南瓜去皮、瓤，洗净后切粒，备用。

❷ 将泡好的黄豆和南瓜粒一同倒入全自动豆浆机中，加入适量水制成豆浆即可。

营养小魔坊 此款豆浆具有健胃清肠、提高人体免疫力的作用。

南瓜黄豆豆浆

148

材料

粳米、黑米各40克，鲜百合15克，牛奶100毫升，冰糖适量。

做法

❶ 将粳米、黑米泡软，洗净；鲜百合撕小片。

❷ 将泡好的粳米、黑米和牛奶、鲜百合片一同放入米糊机中，制成米糊。

❸ 加入冰糖搅至化开。

营养小厨坊 此款米糊具有健脾暖胃的作用。

百合黑米米糊

材料

哈密瓜1/4个，牛奶、酸奶、冰块各适量。

做法

❶ 将哈密瓜洗净，去皮，去瓤，切丁。

❷ 将做法❶中的哈密瓜丁与酸奶及牛奶一起放入榨汁机中搅打均匀，倒入杯中，放入冰块搅拌。

营养小厨坊 此款果汁具有排除毒素、促进消化、暖身健胃的作用。

哈密瓜酸奶汁

活血化瘀

人体是血肉之躯，只有血液流畅及肤才显得红润，面有光泽。对于女性来说，要想面容光润，其重点就在于养血，而血液流通不畅对我们来说，尤其是女性有很大的不良影响。我们在日常生活中要特别注意补血养血，促进血流畅通。

食材推荐

山楂　　黄瓜　　山药　　西红柿

材料

黄豆60克，荞麦25克，山楂10克，冰糖适量。

做法

❶ 将黄豆用清水浸泡至软，洗净；荞麦淘洗干净，用水浸泡2小时；山楂洗净，去蒂、核。

❷ 将泡好的黄豆、荞麦和山楂一同入全自动豆浆机中，加水制成豆浆。

❸ 将豆浆过滤，加冰糖拌匀调味即可。

荞麦山楂豆浆

材料

粳米、糯米各50克，黑豆30克，红糖适量。

做法

❶ 将粳米、糯米和黑豆分别浸泡至软，淘洗干净，备用。

❷ 将除红糖外的所有材料一同放入米糊机中，加入适量清水，制成米糊。

❸ 加入红糖调味即可。

营养小魔坊 此款米糊可以活血化瘀、健脾养胃。

黑豆糯米米糊（糊）

材料

芹菜100克，菠萝1/4个，牛奶50毫升。

做法

❶ 将芹菜洗净，切段；菠萝去皮，切块。

❷ 将所有材料放入榨汁机中搅打均匀，倒入杯中即可。

营养小魔坊 芹菜有一定的扩张末梢血管的作用，可影响中枢神经。故此款蔬果汁适合需活血化瘀的人群饮用。

芹菜菠萝奶汁（汁）

提高免疫力

免疫力是自身处理衰老、损伤、死亡的细胞，以及识别和处理体内突变细胞和被病毒感染细胞的能力。免疫力低下是指免疫系统功能减退。如果孩子免疫力低下，就会表现出体质虚弱、食欲不振、失眠多梦、健忘等症状。

食材推荐

南瓜　　苹果　　西红柿　　花生

材料

黄豆50克（泡软），南瓜丁20克，甘薯丁、白糖各适量。

做法

❶ 将泡好的黄豆与甘薯丁、南瓜丁一同放入全自动豆浆机中，加适量水制成豆浆。

❷ 最后加白糖调味即可。

营养小磨坊 此款豆浆可以补充能量、增强体力，适合体质虚弱者饮用。

甘薯南瓜豆浆

材料

粳米、糙米各50克，熟花生、熟黑芝麻各15克，白糖适量。

做法

❶ 将粳米、糙米分别浸泡至软，淘洗干净。

❷ 将除白糖外的所有材料一同放米糊机中，加入清水，制成米糊即可。

❸ 加入白糖调味即可。

营养小提示 此款米糊可促进血液循环，增强免疫力。

花生糙米米糊

材料

红椒、黄椒各半个，柠檬汁、冰块各适量。

做法

❶ 将红、黄椒洗净，去籽，切成条，备用。

❷ 将红、黄椒条加适量凉开水，放入榨汁机中打成汁，倒入半杯凉开水调匀，再加入柠檬汁、冰块搅拌均匀即可饮用。

营养小提示 此款蔬果汁有增强身体免疫力的作用。

红黄甜椒汁

153

改善睡眠

失眠的临床表现为：入睡困难、夜间多醒、睡眠节律颠倒，甚至彻夜不眠。失眠次日常会精神不振、体力恢复不佳，甚至紧张不安、焦虑，并因此引起头晕、乏力、健忘、烦急易怒等症状。

食材推荐

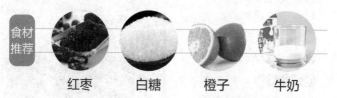

红枣　　　白糖　　　橙子　　　牛奶

材料

黄豆50克，干百合、薏米各10克，白糖适量。

做法

❶ 将黄豆、薏米分别浸泡至软，淘洗干净。

❷ 将泡好的黄豆、薏米和干百合一同放入全自动豆浆机中，加入适量水制成豆浆。

❸ 将豆浆过滤后加入适量白糖调味。

百合薏米豆浆

浆

材料

粳米、燕麦各50克，生姜2片，去核红枣3颗，白糖适量。

做法

❶ 将粳米浸泡至软，淘洗干净；生姜洗净切丁。

❷ 将除白糖外的所有材料一同放入米糊机中，加入适量清水，制成米糊。

❸ 加入白糖调味即可。

营养小窍门 此款米糊可以补中益气、提高睡眠质量。

燕麦红枣米糊

材料

橙半个，牛奶3/4杯，柑橘酱1大匙。

做法

❶ 将橙去皮，切小块，去核，放入榨汁机中榨成橙汁。

❷ 将牛奶加热，与柑橘酱以及做法❶中的橙汁混合调匀即可。

营养小窍门 此款果汁具有改善睡眠、增强免疫力的作用，适合失眠者食用。

牛奶橙汁

增强记忆力

现在，很多人都有健忘的症状。此症状同工作劳累、精神紧张、神经衰弱等息息相关，并常与心悸、失眠、烦躁、疲乏等同时出现。衰老是导致记忆力衰退的主要因素。一般情况下，记忆力衰退多见于40岁以上的中老年人。

食材推荐

花生　　核桃仁　　圆白菜　　鸡蛋

材料

黄豆55克（泡软），核桃仁块10克，熟黑芝麻末、冰糖各适量。

做法

❶ 将泡好的黄豆、熟黑芝麻末和核桃仁块一同倒入全自动豆浆机中，加入适量水，制成豆浆。

❷ 最后加冰糖调味即可。

营养小贴士 此款豆浆有助于提高注意力，进而增强记忆力。

核桃芝麻豆浆

材料

粳米、燕麦片各50克，熟花生20克，核桃仁3颗，白糖适量。

做法

❶ 将粳米浸泡至软，洗净；核桃仁捣碎。

❷ 将粳米、燕麦片、熟花生和核桃仁一同放入米糊机中，制成米糊。

❸ 加入白糖调味即可。

营养小魔坊 此款米糊具有健脑益智的功效。

燕麦花生米糊

材料

甘蔗100克，圆白菜丝适量，熟鸡蛋黄1个，蜂蜜半小匙。

做法

❶ 将甘蔗去皮，切块。

❷ 将甘蔗块和圆白菜丝一起放入榨汁机中榨汁，再加入熟鸡蛋黄、蜂蜜及适量凉开水，混合后搅匀即可饮用。

营养小魔坊 此款蔬果汁具有增强记忆力的作用。

甘蔗圆白菜汁

提神醒脑

现在，随着生活、工作等各方面的压力越来越大，很多人都存在精神困倦、免疫力低下、头脑混乱等症状。这种症状常伴有其他表现，如：经常叹气、对人态度冷淡、对任何事情都不感兴趣、心烦、头痛、浑身乏力等。

食材推荐

粳米　　　苹果　　　草莓　　　酸奶

材料

黄豆50克（泡软），黑豆（泡软）、黑米各20克，蜂蜜适量。

做法

❶将黑米和泡好的黄豆、黑豆一同倒入全自动豆浆机中，加入适量水制成豆浆。

❷将豆浆晾至温热，加蜂蜜调味。

黑豆蜂蜜豆浆

营养小魔方 此款豆浆可起到缓解疲劳的作用。

材料

粳米100克，黄豆30克，橙、苹果各1个。

做法

❶ 将粳米、黄豆分别浸泡至软，淘洗干净；橙、苹果去皮，去心，切丁。

❷ 将做法❶的所有材料一同放入米糊机中，加入适量清水，制成米糊即可食用。

营养小提示 此款米糊营养丰富、可振奋精神。

苹果橙米糊

材料

草莓块100克，牛奶90毫升，酸奶50毫升，蜂蜜1小匙。

做法

❶ 将除蜂蜜外的所有材料一同放入榨汁机打匀。

❷ 加入蜂蜜调匀即可。

营养小提示 草莓有使人精力充沛的作用。因此，此款果汁可以改善困倦等症状，适合精神疲惫的人群饮用。

草莓双奶汁

牙齿保健

牙齿是咀嚼食物的重要器官，与健康有着密切的关系。牙齿坚固者可以食用各种各样的食物。而牙齿不好者，就不太适合吃某些食物，比如坚果，对于牙口不好的老年人来说很难嚼碎，会影响到对营养的充分吸收。

食材推荐

花生　　　红枣　　　猕猴桃　　　香蕉

材料

黄豆浆200毫升，柠檬汁适量，紫米50克，花生、冰糖各少许。

做法

❶ 将紫米泡发至软并且淘洗干净后和花生、黄豆浆一同入全自动豆浆机中，加入水制成豆浆。

❷ 趁热加入冰糖拌匀，并加入柠檬汁。

营养小厨坊 此款豆浆具有保护牙齿的作用。

花生紫米豆浆

材料

粳米、紫米各50克，苹果半个，去核红枣3颗，白糖适量。

做法

❶ 将粳米、紫米分别浸泡至软，淘洗干净；苹果去皮，去心，切丁。

❷ 将所有材料一同放入米糊机中，制成米糊。

❸ 加入白糖调味即可。

营养小魔坊 此款米糊含维生素，益于牙齿保健。

苹果红枣米糊

材料

猕猴桃1个，香蕉1根，脱脂酸奶100毫升。

做法

❶ 将猕猴桃去皮，切片；香蕉剥皮，切片。

❷ 将香蕉片、猕猴桃片与适量凉开水和脱脂酸奶搅匀，再放入榨汁机内搅打成果汁，倒入杯中即可饮用。

营养小魔坊 此款果汁可以保护并美白牙齿。

猕猴桃香蕉汁

缓解疲劳

中医认为，人体的健康与"气""血"密不可分。气在人体中不断运行，为人体提供活力和能量；血在人体中担负着运输养分的重要作用。然而，现在很多人由于各方面的原因气血不畅，导致身体极度倦怠。

食材推荐

| 腰果 | 栗子 | 菠萝 | 甜椒 |

材料

黄豆50克，即溶咖啡1包，白糖适量。

做法

❶ 将黄豆加适量水泡软，放入全自动豆浆机中制成豆浆。

❷ 冲一杯热咖啡，将其慢慢注入豆浆。

❸ 将豆浆过滤后加入白糖调味即可。

（营养小屋订）此款豆浆刺激神经系统，缓解疲劳。

咖啡豆浆

材料

薏米50克，黄豆30克，腰果、栗子、莲子各10克，白糖适量。

做法

❶ 将薏米、黄豆、莲子浸泡至软；栗子去壳。

❷ 将除白糖外的所有材料一同放入米糊机中，加水，制成米糊。

❸ 加入白糖调味即可。

营养小磨坊 此款米糊可调和脏腑、缓解疲劳。

腰果栗子米糊

材料

菠萝1/4个，甜椒1个，甜杏3个。

做法

❶ 将菠萝去皮，切块；甜椒去蒂，洗净，去籽，切块；甜杏洗净，去核。

❷ 将菠萝块、甜椒块、杏块放入榨汁机榨汁。

❸ 然后再加入半杯凉开水搅拌均匀即可。

营养小磨坊 此款蔬果汁可以缓解疲劳，振奋精神。

菠萝甜椒杏汁

释放压力

随着社会竞争的日益加剧，许多人明显感觉到自身背负的压力越来越大。这些压力主要来源于两个方面，首先是工作与人际关系，其次是经济条件以及婚姻家庭。虽然这种现象主要是社会竞争带来的，但压力的强度却是可以调节的。

食材推荐

粳米

桂圆

芹菜

柠檬

黑红绿豆浆

材料

黑豆50克，红豆20克，绿豆10克，蜂蜜适量。

做法

❶ 将黑豆用清水浸泡至软，洗净；红豆、绿豆分别淘洗干净，再用清水浸泡4~6小时。

❷ 除蜂蜜外全部材料倒入全自动豆浆机中，加入适量水制成豆浆即可。

❸ 将豆浆过滤后凉至温热，加蜂蜜调味即可。

材料

粳米80克，桂圆10颗，白糖适量。

做法

❶ 将粳米浸泡至软，淘洗干净；桂圆去壳，去核，备用。

❷ 将粳米、桂圆肉一同放入米糊机中，加入适量清水，制成米糊。

❸ 加入白糖调味即可。

（营养小磨坊）此款米糊可以安定心神、释放压力。

粳米桂圆米糊（糊）

材料

芹菜段300克，菠菜段少许，柠檬1/4个，白糖1小匙，香蕉、冰块各适量。

做法

❶ 将柠檬去皮，去籽，切块；香蕉去皮，切段。

❷ 将蔬果材料放入榨汁机中打匀，倒入杯中，加入白糖、冰块即可。

（营养小磨坊）此款蔬果汁能释放压力、放松心情。

芹菜柠檬汁（汁）

润肠通便

有些人胃肠蠕动减慢，很容易造成大便干燥，引发便秘。压力过大或胃肠不适都会引起胃肠蠕动不足而导致便秘。长期便秘很容易使人体内淤积毒素，造成免疫力下降，从而诱发各种疾病。因此，保持胃肠蠕动正常和消化顺畅是身体健康的重要前提。

食材推荐

粳米　　猕猴桃　　甘蔗　　山药

材料

黄豆25克，玉米50克，红豆15克。

做法

❶黄豆用清水浸泡至软后洗净；红豆淘洗干净，用清水浸泡至软；玉米淘洗干净，用清水浸泡2小时，备用。

❷把浸泡好的黄豆、玉米渣和红豆倒入全自动豆浆机中，加适量水制成豆浆即可。

玉米红豆豆浆

166

材料

粳米50克，猕猴桃半个，白糖适量。

做法

❶ 将粳米浸泡至软，淘洗干净；猕猴桃洗净，去皮，切丁。

❷ 将粳米、猕猴桃丁一同放入米糊机中，加入适量清水，制成米糊。

❸ 加入白糖调味即可。

猕猴桃米糊

糊

营养小磨坊 此款米糊可以缓解肠燥便秘等症。

材料

甘蔗半根，山药、黄瓜各适量。

做法

❶ 将山药去皮，切块，捣烂；甘蔗去皮，切块；黄瓜去皮，切块。

❷ 将山药块、甘蔗块及黄瓜块放入榨汁机中搅打成汁即可。

甘蔗山药汁

汁

营养小磨坊 此款蔬果汁可以促进肠胃蠕动，起到润肠通便的作用。

排毒清体

生活中，我们经常接触到各种有害的物质，如被污染的水和空气、农药等。这些物质所含的毒素沉积在体内，使我们的身体素质变差。于是，我们的身体和面部就容易出现水肿、黄褐斑及痘痘等问题。

食材推荐

粳米　　山楂　　芦笋　　苦瓜

材料

黄豆40克，甘薯30克，绿豆20克。

做法

❶ 将黄豆、绿豆分别用清水浸泡至软，洗净；甘薯去皮洗净，切碎后煮熟，备用。

❷ 将全部材料一同倒入全自动豆浆机中，加入适量水后制成豆浆即可。

营养小魔坊 此款豆浆可促进身体排除毒素。

绿豆甘薯豆浆

材料

粳米100克，红豆50克，山楂15克，白糖适量。

做法

❶将粳米、红豆分别浸泡至软，淘洗干净；山楂洗净，去核。

❷将粳米、红豆和去核山楂一同放入米糊机中，加入清水，搅打成米糊。

❸加入白糖调味即可。

营养小磨坊 此款米糊可以促进身体排毒、降低血脂。

红豆山楂米糊

材料

芦笋、苦瓜各50克，蜂蜜1小匙，冰块适量。

做法

❶将芦笋、苦瓜分别洗净，芦笋去皮，均切成小段，备用。

❷将芦笋段、苦瓜段一同放入榨汁机中榨汁，倒入杯中。

❸放冰块和蜂蜜即可。

营养小磨坊 此款蔬果汁具有排除毒素的作用。

蜂蜜苦瓜汁

纤体瘦身

许多肥胖人士总是抱怨自己身材不好，甚为苦恼，而且过多的脂肪堆积、沉淀在血管内，会使血管硬化，变得狭窄，因此，肥胖族容易患各种心血管疾病，如高血压、冠心病、动脉粥样硬化等。

食材推荐

绿茶　　甘薯　　菠萝　　胡萝卜

材料

黄豆45克，粳米60克，绿茶8克。

做法

❶ 将黄豆用清水浸泡至软，洗净；粳米淘洗干净，备用。

❷ 将泡好的黄豆、粳米一同放入全自动豆浆机中，加适量水煮开，再加入绿茶制成豆浆。

营养小贴士 此款豆浆具有排除毒素、减肥瘦身的功效。

绿茶粳米豆浆

材料

粳米、燕麦片各100克，甘薯50克，白糖适量。

做法

❶ 将粳米浸泡至软，淘洗干净，备用；甘薯洗净，去皮，切丁。

❷ 将粳米、燕麦片和甘薯丁一同放入米糊机中，加入清水，制成米糊。

❸ 加入白糖调味即可。

（营养小磨坊）此款米糊可以帮助通便，利于瘦身。

甘薯燕麦米糊 糊

材料

菠萝半个，胡萝卜50克，芹菜、芦笋各20克。

做法

❶ 将芦笋、胡萝卜、菠萝分别去皮后切成小块；芹菜洗净，切段。

❷ 将做法❶的所有材料与适量凉开水一同放入榨汁机中，混合搅打均匀即可饮用。

（营养小磨坊）此款蔬果汁可促进消化、美容瘦身。

菠萝胡萝卜汁 汁

润肤养颜

拥有亮白的皮肤，自然会给人美丽健康的印象。现在，越来越多人的皮肤容易变得干燥，失去光泽，缺乏美感。尤其是女性朋友，当皮肤出现各种问题时就容易失去自信心，产生自卑心理，还可能会带来其他一系列的问题。

 食材推荐

 薏米　　 莲子　　 橙子　　 芦笋

材料

黄豆30克，干百合25克，莲子适量，白糖少许。

做法

❶ 黄豆洗净用水泡发；干百合洗净；莲子洗净，备用。

❷ 将洗净的全部材料放入豆浆机，再加入适量的清水制成豆浆。

❸ 最后加入白糖即可。

营养小庭访 此款豆浆是美容佳品，适合女性食用。

百合莲子甜豆浆

材料

粳米、薏米各50克，熟花生15克，白糖适量。

做法

❶ 将粳米、薏米分别浸泡至软，洗净，控水。

❷ 将粳米、薏米和熟花生一同放入米糊机中，加入适量清水，制成米糊。

❸ 加入白糖调味即可。

营养小磨坊 这几种材料均有滋润皮肤的功效，搭配食用效果更显著。

薏米花生米糊

材料

橙子1个，苜蓿芽块、芦笋块各20克，五谷杂粮粉适量，蜂蜜1小匙。

做法

❶ 将橙子去皮，去核，切块，备用。

❷ 将除蜂蜜外的材料及凉开水放入榨汁机中搅打均匀。

❸ 加蜂蜜调味即可饮用。

营养小磨坊 此款蔬果汁可以使皮肤细嫩亮白。

芦笋苜蓿橙汁

173

美白护肤

随着岁月的流逝，大多数女性因新陈代谢减慢或缺乏运动，身体会逐渐发福，不再是窈窕淑女。生活或工作的压力还会使一些女性脸色苍白，肌肤黯淡无光。女性要想成为不败的花朵，需要水的滋养。

食材推荐

花生　　　蜂蜜　　　橙子　　　猕猴桃

材料

糯米50克，花生、薏米各10克，黄豆浆200毫升，白糖适量。

做法

❶ 将糯米洗净，浸泡2小时；薏米洗净，浸泡2小时，备用。

❷ 将泡好的糯米、薏米及花生一同放入全自动豆浆机中，加入黄豆浆及适量水继续制成豆浆。

❸ 最后加白糖调味即可。

花生薏米豆浆

材料

粳米100克，燕麦片、熟花生、蜂蜜各适量。

做法

❶ 将粳米浸泡至软，淘洗干净。

❷ 将粳米、燕麦片、熟花生一同放入米糊机中，加入清水，制成米糊。

❸ 加入蜂蜜调味即可。

(营养小魔坊) 此款米糊具有养颜、美白、润肤的作用。

花生蜜米糊

糊

材料

胡萝卜1根，橙片50克，猕猴桃片30克，枸杞子、蜂蜜各适量。

做法

❶ 将胡萝卜洗净，去皮，切片，备用。

❷ 将猕猴桃片、胡萝卜片、橙片入榨汁机中，加凉开水、枸杞子，搅匀。

❸ 加入蜂蜜调味即可。

(营养小魔坊) 此款蔬果汁可以促进血液循环，美白皮肤。

猕猴桃橙汁

汁

养发护发

现在，很多人出现头发干枯、脱发等情况，这与工作压力大和情绪不佳有关。中医认为，肾精充沛，毛发光泽；肾气虚衰，毛发白而易脱落。所以，预防和缓解过早、过多脱发，补充营养是很重要的。

食材推荐

黑芝麻　　蜂蜜　　苹果　　南瓜

材料

黄豆、熟黑芝麻末、白糖各适量。

做法

❶ 将黄豆加水泡软，捞出洗净；熟黑芝麻碾成碎细末，备用。

❷ 将泡好的黄豆、熟黑芝麻末一同放入全自动豆浆机中，加入适量水制成豆浆。

❸ 将豆浆过滤后加入适量白糖调味即可。

黑芝麻豆浆

材料

粳米50克，黑米、熟黑芝麻末各20克，红糖适量。

做法

❶ 将粳米、黑米浸泡至软，淘洗干净，备用。

❷ 将粳米、黑米、熟黑芝麻末一同放入米糊机中，加清水，制成米糊。

❸ 根据个人喜好加入红糖调味即可。

（营养小魔坊）此款米糊可以养发护发，延缓衰老。

黑米黑芝麻糊

材料

南瓜100克，苹果块50克，牛奶2/3杯。

做法

❶ 将南瓜去籽，用保鲜膜包起后，在微波炉内加热2分钟，去皮后切块。

❷ 将南瓜块、苹果块放入榨汁机中榨汁，然后加入牛奶调匀即可。

（营养小魔坊）此款蔬果汁可以乌发亮发，让你远离"白头翁"的困扰。

苹果南瓜奶汁

177

延缓衰老

现在，由于生活、工作等方面压力的增加，很多人都出现了提前衰老的症状。中年人和老年人首当其冲。他们身体的各项功能开始衰退，容易受到各种疾病的侵袭。从饮食、运动等方面采取措施以延缓衰老是十分有效的方式。

食材推荐

核桃仁　　黄豆　　木瓜　　菠萝

材料

黄豆50克，核桃仁20克，杏仁10克，冰糖适量。

做法

❶ 将黄豆用清水浸泡至软，洗净；核桃仁、杏仁均碾成末。

❷ 将泡好的黄豆、杏仁末和核桃仁末一同倒入全自动豆浆机中，加入适量水制成豆浆。

❸ 将豆浆过滤后加冰糖调味即可。

核桃杏仁豆浆

材料

粳米50克，核桃仁、黄豆各30克，枸杞子15克，白糖适量。

做法

❶ 将粳米、黄豆分别浸泡至软，淘洗干净。

❷ 将粳米、核桃仁、黄豆和枸杞子一同放入米糊机中，制成米糊。

❸ 加入白糖调味即可。

营养小厨坊 此款米糊具有抗衰老的作用。

核桃黄豆米糊

材料

木瓜200克，菠萝100克，蜂蜜1大匙。

做法

❶ 将木瓜和菠萝分别去皮，切块。

❷ 将木瓜块、菠萝块入榨汁机中，加入凉开水，打匀成汁后倒入杯中。

❸ 最后加蜂蜜即可。

营养小厨坊 木瓜富含胡萝卜素和维生素C，具有抗氧化、防止衰老的作用。

菠萝木瓜汁

祛斑除痘

进入青春期后，很多人的脸上逐渐冒出很多"痘痘"，有时还伴有黑头、粉刺。一般情况下，男性患有痤疮、青春痘的情况比女性严重。中医认为，青春痘的治疗应采用清热、解毒、祛风、凉血、利湿的方法。

食材推荐

薏米

红枣

哈密瓜

黄瓜

材料

黄豆60克，玫瑰花15朵，薏米30克，冰糖适量。

做法

❶ 将黄豆、薏米分别用清水浸泡至软，洗净；玫瑰花洗净。

❷ 将泡好的黄豆、薏米一同入全自动豆浆机中，加入适量水煮开，再加入玫瑰花，继续制成豆浆。

❸ 将豆浆过滤后加冰糖调味即可。

玫瑰薏米豆浆

材料

粳米、薏米各100克，水发黑木耳、红豆各20克，去核红枣5颗。

做法

❶ 将粳米、薏米、红豆分别浸泡至软，淘洗干净；水发黑木耳撕小片。

❷ 将所有材料一同入米糊机中，加适量清水，制成米糊倒碗中即可食用。

营养小魔坊 此米糊可养颜护肤，缓解痤疮、粉刺。

红枣薏米糊

材料

哈密瓜、梨各50克，黄瓜段30克，牛奶50毫升，蜂蜜半小匙。

做法

❶ 将哈密瓜、梨去皮及心后切小块。

❷ 将切好的哈密瓜块、梨块与黄瓜段、牛奶、蜂蜜及凉开水一同入榨汁机中，混合搅打均匀即可。

营养小魔坊 此款蔬果汁具有祛除痘斑的作用。

黄瓜哈密瓜汁

181

喝对健康饮品，防病保健康

脂肪肝

脂肪肝的脂类主要是甘油三酯。脂肪肝的临床表现比较复杂，轻度脂肪肝多无临床症状，易被忽视。脂肪肝发展到中重度时会有慢性肝炎的表现，有食欲不振、疲倦乏力等症状。

贴心叮咛

脂肪肝多为长期酗酒、营养过剩所致，糖尿病等慢性疾病、药物性肝损害、高血脂等也是脂肪肝常见的病因。因此，要保证生活有规律，不暴饮暴食。

材料

黄豆50克，鲜荷叶30克，冰糖适量。

做法

❶ 将黄豆浸泡至软，淘洗干净；鲜荷叶洗净，切丝，备用。

❷ 将泡好的黄豆和鲜荷叶丝一同倒入全自动豆浆机中，加入适量的清水制成豆浆。

❸ 将豆浆过滤，加冰糖调味即可。

黄豆荷叶豆浆

材料

粳米、黄豆各40克，鲜玉米粒20克，甘薯60克。

做法

❶ 将粳米、黄豆浸泡至软，淘洗干净；鲜玉米粒洗净；甘薯洗净，去皮，切丁。

❷ 将所有材料一同放入米糊机中，加入适量清水，制成米糊即可。

营养小提示 此款米糊可以降低胆固醇，缓解脂肪肝。

玉米甘薯米糊

材料

栗子100克，梨1个，西瓜、香瓜各半个，柠檬2片。

做法

❶ 用勺子掏出西瓜瓤；柠檬片切碎；栗子去壳；香瓜去皮，去籽，切块；梨去皮，去核，切块。

❷ 将所有材料一起放入榨汁机中榨汁即可。

营养小提示 此款果汁可保养肝脏，降脂降压。

栗子双瓜汁

糖尿病

糖尿病是由遗传和环境因素引起的胰岛素分泌不足以及靶组织细胞对胰岛素敏感性降低，从而引起蛋白质、脂肪和电解质等一系列代谢紊乱综合征，其中以高血糖为主要标志。

贴心叮咛

糖尿病患者要避免或节制进食高糖食物，并且养成固定的饮食习惯，还要经常锻炼，以提高身体免疫力。另外，还要保持心情愉快，避免受到刺激，可以通过运动、交际等方式来调节情绪。

材料

黑豆50克，燕麦30克，玉米须20克。

做法

❶ 将黑豆、燕麦分别浸泡至软；玉米须切末。

❷ 将泡好的黑豆、燕麦和玉米须末一同入全自动豆浆机中，加入适量水制成豆浆，倒入杯中即可。

营养小厨坊 此款豆浆可增强人体胰腺功能、促进胰岛素的分泌。

玉米须豆浆

材料

粳米80克，绿豆、燕麦片各30克，冬瓜50克，盐半大匙。

做法

❶ 将粳米、绿豆分别浸泡至软，淘洗干净；冬瓜洗净，去瓤，去皮，切丁，备用。

❷ 将除盐外的所有材料一同放入米糊机中，加适量清水，制成米糊。

❸ 加入盐调味即可。

材料

西红柿1个，菠萝1/4个，苦瓜半根，冰块适量。

做法

❶ 苦瓜洗净，去瓤；菠萝洗净，去皮；所有蔬果材料切条。

❷ 将所有蔬果材料放入榨汁机中榨成汁。

❸ 最后放入冰块即可。

营养小磨坊 此款蔬果汁有助于降低血糖。

绿豆燕麦米糊 糊

西红柿菠萝汁 汁

高血压可以称得上是慢性病中的超级杀手。高血压早期症状主要有：情绪激动或过度劳累后常感头晕、头痛、眼花、耳鸣等。研究发现，高血压与饮食、生活习惯、遗传等因素有关。

贴心叮咛

高血压患者在饮食上要避免"三高"，即高热量、高胆固醇及高盐，同时不要抽烟、喝酒。高血压患者要注意调节情志，保持轻松愉快的情绪，避免过度紧张，可通过做操、散步等来调节。

材料

红豆50克，薏米30克，蜜炼陈皮10克，蜜炼柠檬片、冰糖各适量。

做法

❶ 红豆洗净浸泡至软；薏米洗净，用水浸泡；陈皮、柠檬片均切碎末。

❷ 将除冰糖外的材料一同倒入全自动豆浆机中，加入适量水制成豆浆。

❸ 将豆浆过滤，加冰糖拌匀调味即可。

红豆薏米豆浆

材料

粳米50克，芹菜20克，酸奶、牛奶、白糖各25克。

做法

❶ 将粳米泡软，淘洗干净；芹菜洗净，切丁。

❷ 将除白糖外的所有材料一同放入米糊机中，加入清水，制成米糊。

❸ 加入白糖调味即可。

粳米芹菜奶糊

营养小魔访 芹菜与酸奶均具有降血压的作用，适合高血压患者饮用。

材料

柑橘1个、白萝卜1根，冰块少许。

做法

❶ 将柑橘去皮，去核，榨汁；白萝卜去皮，切块，榨汁；二汁混合。

❷ 先将冰块放入杯中，再将橘汁与白萝卜汁的混合汁倒入即可饮用。

柑橘萝卜汁

营养小魔访 柑橘、白萝卜中含有丰富的营养元素，有降血压的作用。

高血脂

高血脂是现代都市常见病之一，多由过食油腻食物、生活无规律、缺乏锻炼所致。遗传与环境也是导致高血脂的重要因素。过高的血脂会损坏肝功能，因此一定要控制血脂。

贴心叮咛

高血脂患者要戒烟戒酒，多吃清淡的食物，以素食为主，粗细粮搭配，少吃动物内脏、动物脂肪及甜食，以免血液中的甘油三酯升高，血液黏稠度增高，促使病情恶化。

材料

黄豆浆200毫升，鲜百合片20克，南瓜50克，白糖适量。

做法

❶将南瓜洗净，去皮，去瓤，切块；鲜百合洗净；其余材料均备齐。

❷将黄豆浆、南瓜块、鲜百合片放入豆浆机中，加适量水制成豆浆。

❸加入白糖调味即可。

南瓜百合豆浆

材料

粳米80克，水发黑木耳、鲜百合各20克，干山楂片25克。

做法

❶ 将粳米浸泡至软；水发黑木耳、鲜百合分别洗净，撕小片；干山楂片泡发，去籽。

❷ 将所有材料一同放入米糊机中制成米糊。

百合黑木耳糊

营养小磨坊 此款米糊可降血脂，有助于防治高血脂。

材料

炼乳1大匙，木瓜半个，无籽葡萄5颗。

做法

❶ 将木瓜洗净，去皮，去籽，切块，榨成木瓜汁；葡萄去皮。

❷ 将葡萄、炼乳、凉开水倒入榨汁机中搅打，倒在木瓜汁上即可。

木瓜葡萄乳汁

营养小磨坊 此款果汁有降血脂、促进消化吸收的作用。

慢性胃炎

慢性胃炎是由刺激性食物、化学腐蚀剂、药物等引起的胃黏膜炎症性病变，其表现为饭后饱胀、泛酸、无规律性腹痛等症状，严重者会出现呕吐、呕血、黑便等。

贴心叮咛

生活不规律、工作过于劳累和睡眠不足是慢性胃炎发生的重要原因。要避免慢性胃炎，日常生活、饮食应规律，忌暴饮暴食、酗酒等。此外，还需要保持健康的生活规律，合理进食等良好的生活习惯。

材料

黄豆100克，生菜叶、胡萝卜各适量。

做法

❶将黄豆加水泡至软，捞出洗净；生菜叶洗净后切成细条；胡萝卜洗净，切丁。

❷将泡好的黄豆、生菜叶条、胡萝卜丁一同放入全自动豆浆机中，加适量水制成豆浆即可。

生菜胡萝卜豆浆

材料

粳米50克，南瓜（去籽）、山药各60克，糙米30克，盐适量。

做法

❶ 将粳米、糙米浸泡至软，洗净；南瓜、山药洗净，去皮，切丁。

❷ 将所有材料放入米糊机中制成米糊。

❸ 加入盐调味即可。

营养小魔坊 此款米糊适合胃溃疡患者食用。

糙米南瓜米糊

材料

油菜100克，菠萝1/4个，黄豆浆半杯。

做法

❶ 将油菜洗净，切段；菠萝洗净去皮，切成小丁，备用。

❷ 将油菜段、菠萝丁倒入榨汁机中榨成汁，调入豆浆搅拌均匀即可。

营养小魔坊 此款蔬果汁营养全面而且更易被人体吸收，可缓解慢性胃炎症状。

油菜菠萝汁

感冒

感冒有普通感冒、流行性感冒之分。普通感冒，中医称"伤风"，是由多种病毒导致的一种呼吸道常见疾病。流行性感冒则不同，它是由流感病毒导致的急性呼吸道传染病。

贴心叮咛

充足的睡眠能养精蓄神、防止津液亏损，对感冒的康复很有帮助。感冒后不要熬夜，要多休息，还要多喝水，确保每日饮用2500～3000毫升白开水，以预防发烧，并可协助排汗以排出身体中的毒素。

材料

黄豆50克（泡软），葡萄干10克，柠檬片、蜂蜜各适量。

做法

❶ 将泡好的黄豆与葡萄干、柠檬片一同放入全自动豆浆机中，加入适量水制成豆浆。

❷ 将豆浆过滤，加入适量蜂蜜调味即可。

营养小窍门 此款豆浆可以补充体内水分，提高免疫力。

葡萄干豆浆

材料

粳米、糯米各50克，杏仁15克，葱白、生姜各适量，大蒜2瓣。

做法

❶ 将粳米、糯米分别浸泡至软，淘洗干净；葱白、生姜、大蒜切碎。

❷ 将所有材料一同放入米糊机中，加入水，制成米糊即可。

营养小磨坊 此款米糊可以消炎降火、预防感冒。

葱姜杏仁米糊（糊）

材料

橙子1个，菠萝半个，青椒块、胡萝卜块各50克，蜂蜜1小匙。

做法

❶ 将橙子、菠萝均去皮，切块；橙子去籽。

❷ 将除蜂蜜外的材料与400毫升的凉开水依次放入榨汁机中充分搅匀，加入蜂蜜调味。

营养小磨坊 此款蔬果汁可退热、提高身体抗病能力。

菠萝橙椒汁（汁）

咳嗽

咳嗽为呼吸系统疾病的主要症状，是人体清除呼吸道内的分泌物或异物的保护性呼吸反射动作。但长时间的剧烈咳嗽可能会造成呼吸道出血。要区分咳嗽种类，以免延误治病的最好时机。

贴心叮咛

干燥的环境会使人体呼吸道黏膜发干、变脆，毛细血管容易破裂出血，纤毛运动受到限制，痰液不易咯出，导致哮喘或干咳，因此要调节空气湿度。另外，也要少吃或不吃辣椒、胡椒等辛辣的食物。

材料

现磨黄豆浆200毫升，蜂蜜适量。

做法

❶ 将黄豆浆倒入锅中，煮至热时倒入碗中。

❷ 待豆浆晾到60℃左右时，将蜂蜜加入豆浆中拌匀即可。

（营养小磨坊）此款豆浆具有润肺、镇咳、化痰的作用，适合咳嗽患者饮用，也可预防咳嗽。

蜂蜜豆浆

材料

粳米、糙米各50克，水发银耳30克，杏仁15克，鲜橘皮20克。

做法

❶ 将粳米、糙米分别浸泡至软，淘洗干净；水发银耳洗净，撕小片；鲜橘皮洗净，切丁。

❷ 将所有材料一同放入米糊机中制成米糊。

（营养小磨坊）此款米糊可以滋阴润肺、镇咳平喘。

银耳橘皮米糊

材料

雪梨2个，苹果1个，冰块适量。

做法

❶ 将雪梨、苹果均洗净，去皮，去核，切小块。

❷ 将雪梨块、苹果块一同放入榨汁机中，打匀成汁，倒入杯中并加入冰块，搅匀即可饮用。

（营养小磨坊）此款果汁可润肺，具有退烧止咳的功效。

雪梨苹果汁

贫血

贫血是指血液中红细胞的总量在正常值以下。贫血的临床表现为面色苍白，伴有头昏、气急、心悸、乏力等症状。最常见的贫血类型是巨幼红细胞性贫血和缺铁性贫血。

贴心叮咛

贫血患者饮食要高营养、易消化，多吃含铁丰富的食物。鸡蛋、瘦肉、鱼虾、豆腐、蔬菜要合理烹调，适量食用，食物不可过于油腻、辛辣。主食要粗细粮合理搭配，还要忌烟酒和浓茶。

材料

红豆50克，桂圆肉30克，白糖适量。

做法

❶ 将红豆淘洗干净，用清水浸泡；桂圆肉切碎。

❷ 将泡好的红豆和桂圆肉末倒入全自动豆浆机中，加入适量水制成豆浆，最后加白糖调味。

营养小贴访 此款豆浆可改善心血不足及贫血头晕等不适症状。

桂圆红豆豆浆

材料

紫米80克（泡软），红枣5颗，枸杞子10克，水发黑木耳20克，白糖适量。

做法

❶ 将水发黑木耳洗净，撕小片；红枣洗净，去核，切末。

❷ 将除白糖外的材料一同放入米糊机中。

❸ 加入白糖调味即可。

营养小窍门 此款米糊具有补血益气的作用。

黑木耳紫米糊（糊）

材料

橙50克，菠菜10克，葡萄5颗，鲜牛奶200毫升，蜂蜜1小匙。

做法

❶ 将橙去皮，去核，切块；菠菜洗净，切段；葡萄去皮，去籽。

❷ 将葡萄放入榨汁机中，并加入剩余材料搅打成汁即可。

营养小窍门 此款蔬果汁有利于预防和改善缺铁性贫血。

菠菜葡萄奶汁（汁）

失眠

失眠是由多种因素造成的，主要表现为疲劳、烦躁、情绪失调等症状。失眠的原因主要为脏腑功能紊乱，尤其是心的温阳功能与肾的滋阴功能不能协调以及气血方虚、阴阳失调等。

贴心叮咛

失眠者每天可以进行适当的运动，如散步、慢跑、打太极拳等，这样有利于放松精神。另外，还要尽量选择可以预防和缓解失眠症状的饮食，而且晚饭不可吃得过饱，要以清淡、易消化为好。

材料

黄豆60克，桂圆肉30克，糯米25克。

做法

❶将黄豆用清水浸泡至软，洗净；糯米淘洗干净，用清水浸泡2小时。

❷将泡好的黄豆、糯米和桂圆肉一同倒入全自动豆浆机中，加入适量水制成豆浆即可。

桂圆糯米豆浆

营养小贴坊 此款豆浆可补中益气、养血安神。

198

材料

粳米50克，燕麦片20克，去心莲子30克，芡实、白糖各适量。

做法

❶ 将粳米、莲子、芡实分别浸泡至软。

❷ 将除白糖外的所有材料一同放入米糊机中，加入清水，制成米糊。

❸ 加入白糖调味即可。

营养小魔坊 此款米糊可以安定心神、缓解失眠等症状。

燕麦莲子米糊 糊

材料

黄瓜1根，西兰花丁、哈密瓜丁各50克，热牛奶300毫升。

做法

❶ 将西兰花丁放入开水中汆烫一下，放入凉水中过凉。黄瓜洗净，切丁。

❷ 将西兰花丁与黄瓜丁、哈密瓜丁、牛奶用榨汁机打成汁即可。

营养小魔坊 此款蔬果汁可以改善失眠，安神。

哈密瓜黄瓜汁 汁

便秘

便秘可分为习惯性便秘和器质性便秘两类，主要表现为排便次数减少、大便干结或者秘结不通、排便后没有正常的舒畅感等。除了本身的这些症状外，便秘还会引起其他一些疾病。

贴心叮咛

有便秘症状的人平时应多吃些含丰富膳食纤维的食物，如粗制面粉、糙米、玉米、芹菜、韭菜、菠菜、水果以及蜂蜜等，以刺激和促进肠道蠕动。另外，有此症状的人平时还应该多加运动。

材料

黄豆浆100毫升，西瓜瓤块20克，草莓10克，酸奶适量。

做法

❶ 将草莓去蒂，洗净，切块。

❷ 将西瓜瓤块、草莓块榨汁后和黄豆浆放入全自动豆浆机中，制成豆浆。

❸ 最后加入酸奶即可。

西瓜草莓豆浆

营养小窍门 此款豆浆可调理肠胃，使大便通畅。

材料

粳米、玉米粒各50克，鸡蛋1个，香蕉2/3根，白糖适量。

做法

❶ 将粳米、玉米粒分别浸泡后洗净；鸡蛋煮熟，取蛋黄；香蕉切丁。

❷ 将做法❶的材料一同放入米糊机中制成米糊。

❸ 最后加白糖即可。

（营养小磨坊）此款米糊富含膳食纤维，可缓解便秘。

玉米香蕉米糊 糊

材料

芒果、香蕉各100克，豆浆100毫升。

做法

❶ 将芒果洗净，去皮，去核，切块；香蕉剥皮，切段。

❷ 将芒果块、香蕉段、豆浆一同倒入榨汁机中，搅打均匀即可。

（营养小磨坊）此款蔬果汁富含膳食纤维，有助于润肠通便、改善便秘。

香蕉芒果汁 汁

呕吐

呕吐是临床常见症状，是一种自我防御反射，对身体有一定的保护作用。但频繁而剧烈的呕吐可引起脱水、电解质紊乱等并发症。

贴心叮咛

呕吐时要暂时禁食，使肠胃得到休息，至少应忌食生冷、煎炸、油腻等不易消化的食物。反复和持续的剧烈呕吐易引起严重并发症，应予以重视，及时到医院检查治疗。

材料

甘薯15克，山药30克，黄豆、粳米、小米、燕麦片适量。

做法

❶ 将黄豆用清水浸泡至软后洗净；粳米和小米淘洗干净，用清水浸泡2小时；甘薯、山药分别洗净，去皮后切丁。

❷ 全部材料一同倒入全自动豆浆机中，加适量水制成豆浆即可。

甘薯山药豆浆

材料

粳米80克，白菜、西兰花各50克，盐适量。

做法

❶ 将粳米浸泡至软，淘洗干净；白菜、西兰花洗净，切小块。

❷ 将做法❶的材料放入米糊机中，加入适量清水，制成豆浆。

❸ 加入盐调味即可。

白菜绿米糊 糊

营养小窍门 此款米糊清淡可口，可清毒，能缓解呕吐。

材料

百香果肉50克，菠萝、木瓜各1/4个，水蜜桃1个，什锦水果片少许。

做法

❶ 将菠萝去皮，切块；水蜜桃洗净，去皮，去核，切块；木瓜洗净切块。

❷ 将前四种材料放入榨汁机中榨汁，再加入什锦水果片。

百香木瓜汁 汁

营养小窍门 此款果汁有助于缓解呕吐症状。

腹泻

腹泻是一种常见症状，是指排便次数明显超过平日，便稀或含未消化食物或脓血、黏液，且当日排便量超过200克。腹泻常伴有肛门不适、排便失禁等不适症状。

贴心叮咛

大多数腹泻的原因是病从口入。病源通过污染的饮水和食物进行传播，因而在日常生活中要注意食物的卫生，切断病源，这样可以有效防止和缓解腹泻。

材料

黄豆50克，雪梨、猕猴桃各1个，白糖适量。

做法

❶ 将黄豆浸泡至软，淘洗干净；雪梨去皮，去心，切块；猕猴桃去皮，切块。

❷ 将雪梨块、猕猴桃块、黄豆放入豆浆机中，加适量水制成豆浆，过滤后加白糖调味。

猕猴桃豆浆

材料

粳米、糯米各50克，山药、莲子各30克，去核红枣5颗，冰糖适量。

做法

❶ 将粳米、糯米、莲子浸泡至软，淘洗干净；山药去皮，切丁。

❷ 将所有材料放入米糊机中，制成米糊。

❸ 加入冰糖调味即可。

营养小屋坊 此款米糊可以帮助止泻健脾。

山药红枣米糊

材料

荔枝400克，柠檬1个，冰块适量。

做法

❶ 将荔枝去皮，去核，切丁；柠檬去皮，去籽，切块。

❷ 将荔枝丁、柠檬块及凉开水放入榨汁机中打匀，加入冰块即可。

营养小屋坊 此款果汁可以补充丰富的维生素，起到止泻的作用。

荔枝柠檬汁

腹泻

205

口臭

引发口臭的原因大多为口腔疾病，如牙龈炎、牙周炎、龋齿等。口腔是消化道的起始端，并且与呼吸道相通，所以消化系统和呼吸系统的一些疾病同样可以造成口臭。

贴心叮咛

忌烟、酒，少吃大蒜、韭菜等味道较辛辣的食物。口臭的人还要少食甜食及含糖饮料。另外，宿便会堵塞肠道，使体内积累毒素，产生口臭，所以日常生活中要注意通宿便。

材料

黄豆50克，绿豆20克，无花果、水发海带各适量。

做法

❶ 将黄豆用清水浸泡至软；绿豆淘洗干净，用清水浸泡4～6小时；无花果洗净，切碎；水发海带洗净，切碎末。

❷ 将全部材料一同倒入全自动豆浆机中，加入适量水后制成豆浆即可。

海带无花果豆浆

材料

小米、黄豆各50克，鲜山楂5颗，西红柿1个，豆腐30克。

做法

❶ 将小米、黄豆浸泡至软，淘洗干净；鲜山楂洗净，去籽；西红柿去皮，切块；豆腐切丁。

❷ 将所有材料一同放入米糊机中，制成米糊。

山楂豆腐米糊

营养小魔坊 此款米糊营养丰富，可缓解口臭症状。

材料

西红柿1个，火龙果块适量，白糖少许。

做法

❶ 西红柿洗净，切块。

❷ 将西红柿块、火龙果块一同放入榨汁机内，加150毫升凉开水，榨汁加白糖调味即可饮用。

营养火龙果汁

营养小魔坊 此款蔬果汁中富含维生素A、维生素C和番茄红素，可以缓解口臭症状。

口腔溃疡

口腔溃疡是一种比较常见的口腔黏膜疾病。中医认为它主要是由脾胃积热或心火上炎所致。它以口颊、舌边、上腭、齿龈等处发生溃疡为特征，表现为口腔黏膜出现疱疹、红肿等症状。

贴心叮咛

　　口腔溃疡多因缺乏B族维生素，服用维生素B₂、维生素B₆等对于辅助治疗口腔溃疡都比较有效。平时可以吃一些含有丰富的B族维生素和矿物质的蔬菜和水果。

材料

小米30克，糙米20克，山楂片10克，黄豆浆100毫升，冰糖适量。

做法

❶ 将小米、糙米分别浸泡至软，淘洗干净；山楂片浸泡至软，洗净去核，备用。

❷ 将前四种材料及适量水倒入豆浆机中制成豆浆，加冰糖调味即可。

山楂二米豆浆

材料

小米100克，黄豆50克，白萝卜、胡萝卜各40克，盐适量。

做法

❶ 将小米、黄豆分别浸泡至软；萝卜切块。

❷ 将除盐外的所有材料一同放入米糊机中，加入清水，制成米糊。

❸ 加入盐调味即可。

营养小磨坊 此款米糊含B族维生素，缓解口腔溃疡。

萝卜黄豆米糊

材料

西瓜100克，梅子5颗，紫苏梅汁半匙。

做法

❶ 用勺子取西瓜瓤，去籽，放入榨汁机中榨汁。

❷ 在榨好的西瓜汁中加紫苏梅汁搅匀，放入梅子即可。

营养小磨坊 此款果汁能消炎、泻火气、治疗口舌疮疡，并可降血压。

西瓜梅子汁

牙龈出血

牙龈出血的原因一般分为局部性和全身性两种。局部原因引起的牙龈出血多表现为牙龈炎和牙周炎等病症；全身性疾病也会引起牙龈出血，如急性或慢性白血病、血友病、肝硬化等。

贴心叮咛

要防止牙龈出血，在日常生活中应注意刷牙姿势正确，不要用力横刷牙齿，以免刺激牙龈导致出血。有些女性在经期会出现牙龈充血和自发性出血现象，因此女性要注意特殊时期的口腔卫生。

材料

黄豆60克，芹菜茎35克。

做法

❶将黄豆浸泡至软，淘洗干净；芹菜茎洗净，切粒，备用。

❷将泡好的黄豆和芹菜粒一起放入全自动豆浆机中，加入适量清水制成豆浆即可饮用。

芹菜黄豆豆浆

营养小磨坊 芹菜含有丰富的维生素c，可以帮助坚固牙齿，预防牙龈问题。

材料

粳米、燕麦片各30克，牛奶100毫升，白菜40克，白糖适量。

做法

❶ 将粳米浸泡至软，淘洗干净；白菜切块。

❷ 将除白糖外的材料一同放入米糊机中，加适量清水，制成米糊。

❸ 加入白糖调味即可。

营养小魔坊 此款米糊富含钙质，可缓解牙龈出血症状。

燕麦白菜奶糊（糊）

材料

南瓜100克，鲜牛奶2/3杯，花生酱1大匙。

做法

❶ 将南瓜去皮，去籽，切块。

❷ 将南瓜块、花生酱及鲜牛奶一起放入榨汁机中打成汁。

营养小魔坊 南瓜能降低血糖；花生可以补血；牛奶含钙高，故三者制成的蔬果汁有助于改善牙龈问题。

南瓜花生奶汁（汁）

211

牙痛

牙痛是指因各种原因引起的牙齿疼痛，表现为牙龈红肿、遇冷热刺激痛、面颊部肿胀等。其大多由牙髓（牙神经）感染引起。中医认为，牙痛由外感风邪、虫蚀牙齿所致。

贴心叮咛

牙痛者在日常饮食中应多吃清胃火及清肝火的食物，如荸荠、芹菜、白菜、萝卜、南瓜、西瓜等。睡前不宜吃糖以及含淀粉的食物。另外，在日常起居时，还要注意刷牙姿势，有效防治牙痛。

材料

黑豆50克，水发银耳、鲜百合各30克。

做法

❶将黑豆浸泡至软，淘洗干净；水发银耳、鲜百合撕小片。

❷将黑豆、水发银耳片和鲜百合片一同倒入全自动豆浆机中，加入适量清水制成豆浆即可。

银耳百合豆浆

营养小贴士 此款豆浆可养心安神、缓解牙痛。

材料

粳米、糙米各50克（泡软），白菜、荸荠（去皮）各30克，鲜百合、水发银耳各20克。

做法

❶ 将鲜百合、水发银耳洗净，撕小片；白菜、荸荠（去皮）洗净，切块。

❷ 将所有材料一同放入米糊机中制成米糊即可。

（营养小磨坊）此款米糊可保健牙齿。

白菜荸荠米糊（糊）

材料

青椒、菠萝各120克，西柚汁60克，蜂蜜适量。

做法

❶ 将青椒洗净，去籽，切块；菠萝去皮，切块。

❷ 将前三种材料一同放入榨汁机中，加入适量的凉开水，一起榨汁。

❸ 加入蜂蜜调味即可。

（营养小磨坊）此款蔬果汁可以保护牙齿健康，缓解牙痛。

菠萝柚蜂蜜汁（汁）

213

痛经

痛经是指女性在经期及其前后，出现周期性的小腹或腰部疼痛。严重者会出现恶心呕吐、冷汗淋漓、手足发冷甚至昏厥的情况，给工作及生活带来影响。其一般分为原发性和继发性两种。

贴心叮咛

经期饮食宜清淡、易消化。因为摄入清淡、易消化的食物，可以避免因消化道剧烈蠕动而加重经期疼痛症状。另外，有痛经症状的女性还要注意保暖，尤其在寒冷的冬季，否则容易发生寒湿凝滞型痛经。

材料

黄豆50克，去核红枣、莲子各10克，花生、冰糖各适量。

做法

❶ 将黄豆、莲子分别浸泡至软，淘洗干净。

❷ 将除冰糖外的材料一同放入全自动豆浆机中，加入适量水制成豆浆。

❸ 过滤后放冰糖调味。

红枣莲子豆浆

营养小磨坊 此款豆浆可补中益气、养血安神。

材料

粳米、糙米各50克，当归20克，去核红枣、腰果各15克，白糖适量。

做法

❶ 将粳米、糙米分别浸泡至软；当归煎汁。

❷ 将除白糖外的所有材料一同放入米糊机中，加入清水，制成米糊。

❸ 加入白糖调味即可。

营养小磨坊 此款米糊具有调经止痛的作用。

红枣腰果米糊

材料

苹果1个，白菜50克，柠檬2～3片。

做法

❶ 将苹果洗净，去皮，去心，切块；白菜洗净，切丝；二者分别榨汁。

❷ 将柠檬片挤出汁，与苹果汁、白菜汁混合搅匀即可。

营养小磨坊 活血通气的苹果与富含维生素E的白菜搭配食用，可有效缓解痛经。

白菜苹果汁

健忘

健忘是一种以记忆力减退、遇事易忘为主要表现的疾病，它多是因心脾亏损、年老精气不足，或淤痰阻痹等所致，常见于神劳、头部内伤等。

贴心叮咛

富含维生素、矿物质、膳食纤维的新鲜蔬菜和水果可以提高记忆力。另外，勤于用脑是延缓大脑老化的一种方法，因此要养成勤奋工作和学习的习惯。日常饮食方面要注意多吃健脑的食物，以此增强记忆。

材料

黄豆60克，杏仁、榛子仁各15克。

做法

❶将黄豆浸泡至软，淘洗干净；杏仁、榛子仁分别捣碎用。

❷将全部材料一同倒入全自动豆浆机中，加入适量水制成豆浆即可。

杏仁榛子豆浆

营养小磨坊 此款豆浆富含蛋白质、维生素E及钙、铁等营养元素，可提高记忆力。

材料

粳米80克，核桃仁、开心果仁各30克，白果20克（去壳），白糖适量。

做法

❶ 将粳米浸泡至软，淘洗干净；白果切丁。

❷ 将除白糖外的所有材料一同放入米糊机中。

❸ 加入白糖调味即可。

营养小磨坊 此款米糊可以提神醒脑、增强记忆力。

核桃开心果米糊（糊）

材料

草莓50克，菠萝汁30毫升，腰果5克，蜂蜜1小匙，柠檬汁15毫升。

做法

❶ 将草莓洗净，切块。

❷ 将前三种材料和适量水放入榨汁机中打匀，倒入杯中。

❸ 杯中加入蜂蜜、柠檬汁调匀即可。

营养小磨坊 此款果汁可增强记忆力、提升大脑灵活性。

草莓菠萝果汁（汁）

骨质疏松

骨质疏松症是以骨组织显微结构受损、骨质变薄、骨小梁数量减少、骨脆性增加和骨折危险度增加为特征的一种系统性、全身性骨骼疾病，通常以中老年人较为常见。

贴心叮咛

导致骨质疏松的原因很多，钙的缺乏是最主要的因素，而钙的缺乏又与饮食和体质有很大关系。因此，在日常生活中要注意补充钙质，不可以大量进食酸性食物，以维持体内酸碱平衡。

材料

黄豆、干小米各半杯，枸杞子10颗，白糖适量。

做法

❶ 小米、枸杞子和泡好的黄豆洗净，备用。

❷ 全部材料混合放入豆浆机中，加水至上下水位间，制成豆浆。

❸ 最后加白糖即可。

枸杞小米豆浆

营养小魔坊 此款豆浆骨骼有益处，能防止骨质疏松。

材料

粳米、糙米各40克，牛奶150毫升，虾肉30克，盐适量。

做法

❶ 粳米泡软，洗净；虾肉洗净，切丁，备用。

❷ 将粳米、牛奶、虾肉丁放入米糊机中，加适量清水，制成米糊。

❸ 加入盐调味即可。

营养小窍门 此款米糊富含钙元素，可缓解骨质疏松等。

牛奶虾肉奶糊

材料

樱桃5颗，圆白菜100克，酸奶、白糖各适量。

做法

❶ 将樱桃洗净，去核；圆白菜洗净，切丝。

❷ 将樱桃、圆白菜丝、白糖一起倒入榨汁机中榨汁，加入酸奶继续搅打均匀即可。

营养小窍门 此款蔬果汁可为人体补充钙质，帮助缓解骨质疏松症。

樱桃圆白菜酸奶汁

食欲不振

食欲不振不等同于厌食，前者是指进食的欲望降低，后者的表现是完全不想进食。食欲不振的主要原因是脾胃虚弱、肝胃不和或饮食不节，需通过补肾健脾、理气和胃来缓解症状。

贴心叮咛

在饭菜上要多下一番工夫。饭菜除了具备易消化的特点外，最好还要色彩漂亮、香气扑鼻、味道鲜美、造型别致，这样才能勾起人的食欲。另外，运动也有助于食物的消化、吸收，如散步、慢跑等。

材料

糯米50克，黄豆25克，冰糖适量。

做法

❶ 将黄豆加适量水浸泡至发软，捞出洗净；糯米洗净。

❷ 将糯米和泡好的黄豆一同放入全自动豆浆机中，加适量水制成豆浆。

❸ 将豆浆过滤，加入适量冰糖调味即可。

糯米冰糖黄豆浆

材料

粳米、黄豆各80克，西瓜、水蜜桃丁各50克，白糖适量。

做法

❶ 将粳米、黄豆浸泡至软；西瓜切丁。

❷ 将除白糖外的所有材料一同放入米糊机中，加水，制成米糊。

❸ 加入白糖调味即可。

营养小窍门 此款米糊有助于改善食欲，可健脾、和胃。

西瓜水蜜桃米糊（糊）

材料

紫甘蓝50克，李子3颗，薄荷叶6片，西红柿半个，果糖适量。

做法

❶ 将紫甘蓝、西红柿分别洗净，切块；李子洗净，去核，切块。

❷ 将所有材料一同放入榨汁机中，再加入200毫升凉开水打成汁。

营养小窍门 此款蔬果汁可促进消化、增进食欲。

西红柿甘蓝汁（汁）

月经不调

月经不调主要表现为月经先期、后期、无定期等症。引起月经不调的病因是多方面的，但主要由外感六淫、内伤七情，以及饮食、起居、环境等因素的改变引起。

贴心叮咛

月经不调者要多吃含铁的食物，如猪肝、红枣等，以免发生缺铁性贫血，还要多吃滋补性食物，如黑豆、海参、核桃等。另外，还要保持有规律的生活，制订科学的作息时间，不要经常熬夜。

材料

黄豆100克，花生、白糖各适量。

做法

❶将黄豆浸泡至软，淘洗干净。

❷将黄豆与花生一同放入全自动豆浆机中，加入适量水制成豆浆。

❸最后加白糖调味即可。

营养小魔坊 此款豆浆具有显著的健脾利湿、益血补虚的作用。

黄豆花生豆浆

材料

粳米、小米各50克，去核
红枣、枸杞子各15克，核
桃仁、杏仁各20克，桂圆
肉适量。

做法

❶ 将粳米、小米泡软，
洗净；去核红枣、枸杞子
洗净。

❷ 将所有材料一同放入
米糊机中，加入适量清
水，制成米糊即可。

桂圆核桃米糊

糊

材料

李子块100克，酸奶1杯，
猕猴桃1个，樱桃2个，蜂
蜜1大匙。

做法

❶ 猕猴桃去皮，切片；
樱桃洗净，去核。

❷ 将李子块、猕猴桃
片、樱桃一起放入榨汁机
中，加酸奶榨成汁，倒入
杯中。

❸ 在杯中加入蜂蜜调匀
即可饮用。

猕猴桃樱桃汁

汁

神经衰弱

神经衰弱是精神易兴奋，大脑易疲乏，常有情绪烦恼和心理、生理症状的神经性障碍，属于心理疾病的一种。其主要表现为失眠、易惊醒、记忆力减退、注意力不能集中等症状。

贴心叮咛

神经衰弱者在日常生活中要多吃滋阴的食物，少吃羊肉等温性食物，不吃辛辣和煎、炸、烤食品及酒、火锅等。还要养成良好的生活习惯，做到早睡早起，作息规律，劳逸结合等。

材料

黄豆、粳米各80克，小麦仁、小米、玉米各适量。

做法

❶ 将黄豆、粳米、小米、小麦仁、玉米分别加水泡至发软，捞出洗净。

❷ 将所有泡好的材料一同放入全自动豆浆机中，加适量水制成豆浆即可。

黄豆小麦仁豆浆

营养小窍门 此款豆浆可以健脾养胃，养心益肺，促进消化，和五脏，调经络。

材料

粳米、黄豆各50克，牛奶150毫升，南瓜60克，白糖适量。

做法

❶ 将粳米、黄豆分别浸泡至软；南瓜切丁。

❷ 将除白糖外的所有材料一同放入米糊机中，加清水，制成米糊即可。

❸ 加入白糖调味即可。

（营养小魔坊）此款米糊具有安定心神的作用。

粳米南瓜奶糊（糊）

材料

芒果块100克，熟蛋黄半个，熟南瓜块50克，牛奶半杯。

做法

❶ 将前三种材料一同放入榨汁机中，加少量牛奶打成汁。

❷ 再倒入剩余的牛奶打匀即可。

（营养小魔坊）牛奶、蛋黄、南瓜配制成的蔬果汁可以缓解神经衰弱等症。

牛奶芒果蛋汁（汁）

节气不同，饮品也不同

立春

立春三候："一候东风解冻，二候蛰虫始振，三候鱼陟负冰。"进入立春时节，天气渐暖，但冷空气依然占据着主导地位。所以，要防寒、保暖、保护好身体。

饮食原则

此时可以经常进食一些温润的食物，以增强身体免疫力。若出现失眠、便秘等症状，应进食一些富含膳食纤维的食物。

材料

黄豆60克，粳米20克，金橘3颗。

做法

❶ 将黄豆、粳米分别用清水浸泡至软，淘洗干净；金橘去皮后掰成小瓣，去核。

❷ 将黄豆、粳米以及金橘瓣一同入全自动豆浆机中，加适量水制成豆浆。

金橘粳米豆浆

营养小贴士 此款豆浆可以理气解郁、养阴润燥。

226

材料

粳米、糙米各50克，杏仁20克，胡萝卜15克，冬瓜、白菜心各适量。

做法

❶ 将粳米、糙米分别浸泡至软；冬瓜切丁；胡萝卜切丁。

❷ 将所有材料一同放入米糊机中，加入适量清水，制成米糊即可。

营养小魔访 此款米糊具有增强体力的作用。

杏仁胡萝卜米糊（糊）

材料

橙、苹果各1个，菠菜适量，柠檬2片。

做法

❶ 将橙去皮，去核，切块；苹果去皮，去心，切块；菠菜洗净，切段。

❷ 将所有材料放入榨汁机中，再加入半杯凉开水，一起榨成汁即可。

营养小魔访 此款蔬果汁可以排毒、抗菌、抗病，适合立春时节饮用。

苹果菠菜橙汁（汁）

雨水

雨水三候："一候獭祭鱼；二候鸿雁北；三候草木萌动。"雨水节气告诉我们，少雨的冬季已经过去，降雨开始，并且雨量逐渐增多。

饮食原则

在此时节，我们应该进食一些富含蛋白质和钙的食物，以增强抗寒能力，如瘦肉、奶类、豆制品等。另外，由于"春困"多发，应该进食一些补肾助阳的食物，确保精力旺盛。

材料

黄豆100克，牛奶200毫升，白糖适量。

做法

❶ 将黄豆泡软，洗净。

❷ 将黄豆倒入全自动豆浆机中，加水制成豆浆。

❸ 加入白糖调味，待豆浆晾至温热时，倒入牛奶搅拌均匀即可。

营养小贴士 此款豆浆可提供充足的营养，能增强人体免疫力。

黄豆牛奶豆浆

材料

小米、黄豆各30克，莴笋、白扁豆、盐各适量。

做法

❶ 将小米、黄豆、白扁豆泡软洗净；莴笋洗净，去皮，切丁。

❷ 将做法❶的所有材料放入米糊机中，加入适量清水，制成米糊。

❸ 加盐调味即可。

营养小磨坊 此款米糊可补充营养、帮助消化。

扁豆莴笋米糊糊

材料

开心果、花生、薏米、燕麦片、白糖各1大匙，热牛奶1碗。

做法

❶ 开心果剥壳；薏米、燕麦片、花生用磨粉机磨成粉状。

❷ 将做法❶的材料与白糖、热牛奶混匀后即可。

营养小磨坊 此款饮品可以促进消化、增强体质，适合在雨水节气饮用。

燕麦牛奶汁汁

惊蛰

惊蛰三候："一候桃始华；二候仓庚（黄鹂）鸣；三候鹰化为鸠。"惊蛰前后天气已开始转暖，并渐有春雷出现，雨水渐多。虽天气日趋暖和，但阴寒未尽，所以天气变化较大。

饮食原则

惊蛰时节，万物复苏。《摄生消息论》说："当春之时，食味宜减酸益甘，以养脾气。"春天的时候肝气旺，脾弱，多食甜食可以增强脾的功能，此外，还能进食一些水分多的食物，以此补充营养。

材料

黄豆50克，薏米25克，荞麦15克，白糖适量。

做法

❶ 将黄豆用清水浸泡至软，洗净；薏米、荞麦分别淘洗干净，用清水浸泡2小时。

❷ 将所有材料放入豆浆机中，加适量水制成豆浆，加白糖调味。

薏米荞麦豆浆

营养小厨方 此款豆浆可以健脾益气，补充体力。

材料

粳米100克，熟花生、豆腐各30克，鸡肝2只，盐适量。

做法

❶ 将粳米泡软洗净；豆腐、鸡肝洗净，切丁。

❷ 将除盐外的材料一同放入米糊机中，加入适量清水，制成米糊。

❸ 加入盐调味即可。

营养小魔访 此款米糊可以补肝益肾，适合春季食用。

花生豆腐米糊

材料

柠檬、西红柿各1个，蜂蜜1小匙，梅子粉少许。

做法

❶ 将西红柿洗净，切块；柠檬去皮及核，切块。

❷ 将西红柿块、柠檬块与适量凉开水一同放入榨汁机中榨汁。

❸ 加梅子粉和蜂蜜搅匀。

营养小魔访 此款蔬果汁可对抗春日大风天气引起的皮肤干燥状况。

柠檬西红柿汁

春分

春分三候："一候元鸟至；二候雷乃发声；三候始电。"春分时节，全国大部分地区日平均气温均稳定上升，严寒已经逝去，气温回升较快，天气逐渐变得宜人。

饮食原则

此季节，皮肤的油脂分泌日益旺盛，多进食一些富含抗氧化因子和具有补水效果的食物，可以保养皮肤。另外，老年人由于气温升高有可能出现血液供应不足的情况，可多进食补血食物。

材料

黄豆30克，玉米粒60克。

做法

❶ 将黄豆浸泡至软后洗净；玉米粒浸泡至软。

❷ 将玉米粒和泡好的黄豆一同倒入全自动豆浆机中，加适量水制成豆浆。

营养小磨坊 黄豆含有人体所需的8种必需氨基酸；玉米富含维生素C等营养物质。二者一起食用可使皮肤光滑细腻、娇嫩可人。

玉米豆浆

材料

小米、黄豆各30克，燕麦片20克，甘薯15克，白糖适量。

做法

❶ 将小米、黄豆分别浸泡至软；甘薯切丁。

❷ 将除白糖外的所有材料一同放入米糊机中，加入清水，制成米糊。

❸ 加入白糖调味即可。

（营养小魔坊）此款米糊可以清肠排毒、滋润皮肤。

燕麦甘薯米糊（糊）

材料

芒果50克，猕猴桃25克，柠檬适量，蛋白粉少许。

做法

❶ 将猕猴桃去皮，切块；芒果、柠檬去皮，去核，切块。

❷ 将做法❶的材料放入榨汁机中，加入蛋白粉、凉开水混合榨汁即可。

（营养小魔坊）此款果汁可美化肌肤，适合女性饮用。

芒果猕猴桃汁（汁）

清明

清明三候："一候桐始华，二候田鼠化为鴽，三候虹始见。"清明含有天气晴朗、草木繁茂的意思。时至清明，多数地区气候温暖，春意正浓，但仍然时有冷空气入侵。

饮食原则

清明时节，细菌、病毒等繁殖加快，很容易使人感染各种呼吸道疾病，因此，此时要增强人体免疫力，应在饮食上注意对肝和肺的保养，饮食宜清淡和富有营养。

材料

黄豆100克，百合50克，绿豆30克，白糖适量。

做法

❶将绿豆预先浸泡好，百合用热水浸泡至发软。

❷将百合和泡好的黄豆洗净，混合放入豆浆机中，制成豆浆。

❸最后加入冰糖即可。

营养小磨访 此款豆浆可以润肺安心，生津开胃，适合春季食用。

绿豆百合豆浆

材料

粳米、糙米各50克，胡萝卜30克，去核红枣15克，白糖适量。

做法

❶ 将粳米、糙米分别浸泡至软；胡萝卜切丁。

❷ 将除白糖外的所有材料一同放入米糊机中，加入清水，制成米糊。

❸ 加入白糖调味即可。

营养小磨坊 此款米糊可以增强人体免疫力。

红枣胡萝卜米糊

材料

胡萝卜1根，油菜20克，柠檬1个。

做法

❶ 将胡萝卜洗净，去皮，切块；油菜洗净，切段；柠檬去皮，去核，切块。

❷ 将油菜段、胡萝卜块、柠檬块以及水一同加入榨汁机中榨汁即可。

营养小磨坊 此款蔬果汁能增强免疫力，促进肠胃蠕动。

胡萝卜油菜汁

谷雨

谷雨三候："一候萍始生；二候鸣鸠拂其羽；三候戴胜降于桑。"谷雨是春季的最后一个节气，意味着春将尽，夏将至，雨水将增多，天气将由温暖逐渐变为炎热。

饮食原则

在春季的最后一个节气，饮食补养的重点依然是补肾，可以多食用一些具有温阳补肾功效的食物。老年人此时容易湿邪入体，所以要食用一些清热易消化的食物。

材料

黄豆60克，菠萝肉35克，盐少许。

做法

❶ 将黄豆用清水浸泡至软后洗净；菠萝肉切小块，用淡盐水浸泡30分钟左右。

❷ 将泡好的黄豆与菠萝块一同入全自动豆浆机中，加水制成豆浆即可。

菠萝豆浆

营养小魔坊 此款豆浆具有健胃消食、消除疲劳的作用。

材料

粳米、荞麦各50克，山药丁30克，栗子肉20克，鲜百合15克，白糖适量。

做法

❶ 将粳米、荞麦泡软，洗净；百合洗净。

❷ 将除白糖外的所有材料放入米糊机中，加入适量清水，制成米糊。

❸ 加入白糖调味即可。

营养小窍门 此款米糊具有温阳补肾的作用。

山药百合米糊

材料

芦荟200克，柠檬1/4个，蜂蜜1小匙，冰块1大匙。

做法

❶ 将柠檬榨汁；芦荟去皮，切丁。

❷ 将芦荟丁放入榨汁机中榨汁，再加入蜂蜜、柠檬汁搅打均匀，加入冰块调匀即可。

营养小窍门 此款果汁具有清毒瘦体的作用，而且非常容易消化，易被人体吸收。

芦荟柠檬蜜汁

立夏

立夏三候："一候蝼蝈鸣；二候蚯蚓出；三候王瓜生。"到了立夏时节，万物繁茂。实际上，若按气候学的标准，此节气正是"百般红紫斗芳菲"的仲春和暮春季节。

饮食原则

立夏表示夏天的开始，但此时天气还不算热。此时在饮食上尤其要注意对心的养护。由于人体新陈代谢加快，能量消耗大，应酌量增加蛋白质的摄入量。此时还需辅以清暑解热、护胃养脾的食物。

材料

西瓜20克，酸奶100毫升，黄豆浆200毫升。

做法

❶ 将西瓜瓤取出，去籽，切块。

❷ 将西瓜块榨汁后和黄豆浆一同放入锅中制成豆浆即可。

❸ 将豆浆过滤，加入酸奶调味即可。

营养小魔方 此款豆浆具有调理肠胃、润肠通便的作用。

西瓜酸奶豆浆

材料

粳米、薏米各50克，水蜜桃20克，鲜百合片、去心莲子、枸杞子各适量。

做法

❶ 将粳米、薏米、莲子泡软洗净；水蜜桃切块。

❷ 将所有材料一同放入米糊机中，加入适量清水，制成米糊。

枸杞百合米糊

营养小磨坊 此款米糊具有生津止渴的作用。

材料

西瓜500克，雪梨200克。

做法

❶ 将西瓜瓤取出，去籽，切块；雪梨去皮，去心，切块。

❷ 将雪梨块与西瓜块放入榨汁机中榨成汁，取出即可饮用。

雪梨西瓜汁

营养小磨坊 西瓜能给人体补充大量水分；雪梨所含的营养物质很容易被皮肤吸收。此款果汁适宜夏季饮用。

立夏

小满

小满三候："一候苦菜秀；二候靡草死；三候麦秋至。"小满时节是从初夏向仲夏过渡的时间，此时气温明显升高，自然界的植物开始变得茂盛，春季萌生的作物也正值生长的旺盛期。

饮食原则

小满时节天气湿热，是皮肤病的好发时节，在饮食上应该选择清淡的食物。老年人由于身体抵抗力下降，所以，在此时节要注意缓解胸闷、心悸、全身乏力等症状。

材料

黄豆50克，芦笋段30克，白糖适量。

做法

❶ 将黄豆浸泡至软，淘洗干净。

❷ 将全部材料一同入豆浆机中，加水制成豆浆。

❸ 将豆浆过滤后，加白糖调味即可。

营养小贴士 此款豆浆清淡、营养，具有补充体力、缓解疲劳的作用。

芦笋黄豆豆浆

材料

粳米80克，冬瓜、水发腐竹段各30克，皮蛋2个（去壳），盐适量。

做法

❶ 将粳米浸泡至软，淘洗干净；冬瓜去皮，去籽，切丁；皮蛋切丁。

❷ 将除盐外的材料一同放入米糊机中制成米糊。

❸ 加盐调味即可。

冬瓜皮蛋米糊

营养小磨坊 此款米糊可以清心祛火、振奋精神。

材料

苹果150克，苦瓜200克，牛奶100毫升，菠萝汁、蜂蜜、柠檬汁各半大匙。

做法

❶ 将苹果去皮，去核；苦瓜去瓤；二者切块。

❷ 将所有材料一同放入榨汁机中打匀即可。

苹果苦瓜奶汁

营养小磨坊 此款蔬果汁清淡、爽口，具有清利湿热的作用，适合此时节饮用。

芒种

芒种三候："一候螳螂生；二候鵙始鸣；三候反舌无声。"芒种期间，除了青藏高原和黑龙江最北部的一些地区还没有真正进入夏季以外，其他大部分地区都已经进入夏季。

饮食原则

此时由于气候炎热，经常会出现厌食症。因此，应该注意准备一些有利于开胃、助消化的食物。夏天肠道内容易出现食物残渣堆积的现象，出现很多的毒素，因此，可以多吃一些具有排毒清肠作用的食物。

材料

红豆80克，鲜百合30克。

做法

❶ 红豆淘洗干净，用清水浸泡至软；鲜百合择洗干净，掰成小瓣。

❷ 将泡好的红豆和鲜百合瓣一同倒入全自动豆浆机中，加适量水后制成豆浆即可。

百合红豆豆浆

营养小磨坊 此款豆浆具有润燥清热的作用，能够缓解肺燥或肺热咳嗽。

材料

粳米、薏米各50克，鲜百合15克，鲜玉米粒、枸杞子、酸奶各适量。

做法

❶ 将粳米、薏米泡软洗净；鲜百合洗净；枸杞子洗净。

❷ 将所有材料放入米糊机中，制成米糊即可。

营养小磨坊 此款米糊可以提振精神，缓解疲劳。

玉米百合奶糊

材料

西瓜瓤100克（去籽），菠萝块80克，柠檬汁半小匙，蜂蜜1大匙。

做法

❶ 将西瓜瓤、菠萝块入榨汁机中，加入30毫升凉开水榨成汁，倒入杯中。

❷ 杯中加入柠檬汁、蜂蜜调味即可。

营养小磨坊 此款果汁是消暑解渴、润肺生津的佳品，适宜在炎热天气饮用。

菠萝西瓜汁

夏至

夏至三候："一候鹿角解；二候蝉始鸣；三候半夏生。"夏至意味着天气正式开始炎热。夏至以后，地面受热强烈，空气对流旺盛，午后至傍晚常有雷阵雨出现。

饮食原则

夏至天气炎热，很多人会因此出现食欲减退等症状，除了应该采取必要的防暑降温措施以外，还应该多喝一些开胃降热的饮品，以补充水分。

材料

黄豆100克，栗子、燕麦、白糖各适量。

做法

❶ 将黄豆泡至发软，洗净；栗子去壳，去皮，切块，备用。

❷ 将黄豆、栗子块、燕麦一同放入全自动豆浆机中，再加入适量清水制成豆浆。

❸ 过滤后加入白糖即可食用。

栗子燕麦豆浆

材料

粳米60克，黑豆40克，西瓜瓤、水蜜桃块各30克，鲜百合15克，白糖适量。

做法

❶ 将粳米、黑豆浸泡至软；西瓜瓤去籽。

❷ 除白糖外的材料一同放入米糊机中，加入适量清水，制成米糊，加白糖调味。

营养小磨坊 此款米糊可以清热解渴、开胃健脾。

蜜桃黑豆米糊

材料

胡萝卜1根，梨1个，苹果半个。

做法

❶ 将胡萝卜洗净，去皮，切块；梨、苹果分别去皮，去核，切块。

❷ 将胡萝卜块、苹果块、梨块一起放入榨汁机中榨汁即可。

营养小磨坊 此款蔬果汁清热解暑，可补充体内水分，适合夏季饮用。

苹果萝卜梨汁

小暑

小暑三候："一候温风至；二候蟋蟀居宇；三候鹰始鸷。"我国大多数省份的最高气温一般都出现在小暑期间。在全国绝大多数地区，7月的平均气温要比8月偏高。

饮食原则

小暑天气炎热，很多人会经常出汗，因此可以多饮用一些含水量较多的饮品，以达到补充体内水分、消暑解热的目的。另外，老年人在小暑时节应该进食一些可以滋润脏腑、调养身心的食物。

材料

红豆50克，小米、胡萝卜、冰糖各适量。

做法

❶ 将红豆泡软，捞出洗净；小米淘洗净；胡萝卜洗净，去皮，切小丁。

❷ 将小米、红豆、胡萝卜丁一同放入全自动豆浆机中，加入水制成豆浆。

❸ 过滤后加入冰糖即可

胡萝卜红豆浆

营养小窍门 此款豆浆可清热健胃、增强人体免疫力。

材料

粳米、糯米各30克，熟杏仁20克，莲藕块、李子各25克，白糖适量。

做法

❶ 将粳米、糯米泡软洗净；李子洗净，切丁。

❷ 将除白糖外的所有材料放入米糊机中，加入适量清水，制成米糊。

❸ 加入白糖调味即可。

（营养小窍门）此款米糊具有消暑解热的作用。

材料

苦瓜块、黄瓜块、芦笋段各50克，胡萝卜1根，苜蓿芽20克，蜂蜜半大匙。

做法

❶ 胡萝卜去皮，切块。

❷ 将除蜂蜜外的材料放入榨汁机内，加适量凉开水榨汁。

❸ 将榨好的蔬菜汁倒入杯中，加蜂蜜调味。

（营养小窍门）此款蔬菜汁可清热解毒。

杏仁莲藕米糊（糊）

小暑

多彩蔬菜汁（汁）

大暑

大暑三候："一候腐草为萤；二候土润溽暑；三候大雨时行。"大暑一般处在三伏里的中伏阶段。这时我国大部分地区都处在一年中最热的阶段，而且全国各地温差不大。

饮食原则

在炎热的大暑时节，可以多进食一些富含维生素E的食物，以保护皮肤。另外，要忌食太多生冷凉食，可多吃新鲜蔬果、豆制品等。这时，出汗较多，需及时补充水分。

材料

黄豆35克，绿豆25克，绿茶5克，冰糖适量。

做法

❶ 将黄豆加水浸泡至软，洗净；绿豆淘洗干净，浸泡4～6小时；绿茶用沸水沏成绿茶水。

❷ 将泡好的黄豆和绿豆一同倒入全自动豆浆机中，淋入绿茶水，再加入适量水制成豆浆。

❸ 最后加入冰糖即可。

材料

粳米50克，薏米30克，熟杏仁20克，干菊花15克，菠菜段10克，盐适量。

做法

❶ 将粳米、薏米分别浸泡至软，淘洗干净；干菊花洗净，撕小片。

❷ 将除盐外的材料一同放入米糊机中制成米糊。

❸ 加入盐调味即可。

营养小厨坊 此款米糊可以保护肌肤。

杏仁菊花米糊（糊）

材料

甘薯80克，西柚适量，牛奶1杯，蜂蜜2小匙。

做法

❶ 将甘薯洗干净，用保鲜膜包起后，在微波炉中加热2分钟，去皮，切成适当大小；西柚剥皮，放入榨汁机中榨汁。

❷ 将所有材料一同放入榨汁机中榨成汁即可。

营养小厨坊 此款饮品富含营养，可美容解毒。

甘薯蜂蜜奶汁（汁）

立秋

立秋三候："一候凉风至；二候白露生；三候寒蝉鸣。"从其气候特点看，立秋时往往盛夏余热未消，秋阳肆虐，很多地区仍处于炎热之中，故有"秋老虎"之称。

饮食原则

此时，对肺脏的保养日居正位，故要注意保养人体阴液，避免燥邪伤肺。另外，还要进食具有保护皮肤、滋润脏腑、增强体质等作用的食物，多喝一些饮品，对身体也有很大好处。

材料

黄豆50克，莲藕片30克，糯米20克，百合末5克，冰糖10克。

做法

糯米百合藕豆浆

❶ 将黄豆用清水浸泡至软，洗净；糯米洗净，用清水浸泡2小时。

❷ 把以上处理好的材料一同入全自动豆浆机中，加入适量水制成豆浆。

❸ 将豆浆过滤，加冰糖调味即可。

250

材料

粳米80克，熟花生15克，牛奶150毫升，水发银耳20克，雪梨丁50克，白糖适量。

做法

❶ 将粳米泡软洗净；银耳洗净，撕小朵。

❷ 将除白糖外的材料一同放入米糊机中制成米糊，加入白糖调味即可。

营养小磨坊 此款米糊可以滋阴润肺，防秋燥。

牛奶银耳米糊

立秋

材料

葡萄10颗，银耳丝10克，蜂蜜1小匙，桂花酱少许。

做法

❶ 将甘薯洗干净，用保鲜膜包起后，在微波炉中加热2分钟，去皮，切成适当大小。

❷ 将所有材料一同放入榨汁机中榨成汁，倒入杯中即可饮用。

营养小磨坊 此款果汁具有补胃、润肺、提神的作用。

葡萄银耳汁

处暑

处暑三候："一候鹰乃祭鸟；二候天地始肃；三候禾乃登。"处暑时节，全国各地气温开始下降，形成下沉、干燥的冷空气。此时往往会出现刮风、降雨等恶劣天气。

饮食原则

处暑后，天气往往比较干燥、少雨，人体可能会出现皮肤起皮脱屑、毛发枯燥无光泽、嘴唇干裂等情况。因此，我们在饮食上要注意防燥。多喝一些健康饮品，为机体及时补充水分。

材料

黄豆45克，燕麦片20克，糙米15克。

做法

❶ 将黄豆用清水浸泡至软，洗净；糙米淘洗干净，用清水浸泡2小时。

❷ 将燕麦片和泡好的黄豆、糙米一同倒入全自动豆浆机中，加入适量水制成豆浆即可。

营养小魔坊 此款豆浆帮助人体抵御病症侵袭。

燕麦糙米豆浆

材料

粳米、绿豆各30克，燕麦片40克，熟花生、去心莲子各20克，核桃仁15克，白糖适量。

做法

❶ 将粳米、绿豆、莲子浸泡至软，淘洗干净。

❷ 将除白糖外的所有材料入米糊机中制成米糊。

❸ 加白糖调味即可。

营养小磨坊 此款米糊可以滋润心肺，缓解烦躁情绪。

莲子绿豆米糊（糊）

材料

百香果2个，哈密瓜1/4个，蜂蜜适量。

做法

❶ 将哈密瓜去皮，去籽，切块，放入榨汁机榨汁，过滤去渣。

❷ 将百香果洗净后剥开，挤出果汁，倒入哈密瓜汁中调匀。

❸ 加入蜂蜜调味即可。

营养小磨坊 此款果汁有缓解皮肤干燥的作用。

百香哈密瓜汁（汁）

白露

白露三候："一候鸿雁来；二候元鸟归；三候群鸟养羞。"此时，夏季风逐步被冬季风所代替，冷空气转守为攻，暖空气逐渐退避三舍。此时，我国北方地区降水明显减少。

饮食原则

白露时节秋高气爽，在饮食方面应该以润燥益气为主，平时注意多饮水，多吃蔬菜、水果。另外，感冒等疾病在此时节容易肆虐，因此还要注意增强身体抵抗力。

材料

绿豆60克，小米、蒲公英各20克，蜂蜜适量。

做法

❶ 将绿豆淘洗干净；小米淘洗干净，用清水浸泡2小时；蒲公英煎汁。

❷ 将泡好的小米和绿豆一同倒入全自动豆浆机中，淋入蒲公英煎汁，再加适量水制成豆浆。

❸ 将豆浆过滤后凉至温热，加蜂蜜调味即可。

蒲公英小米绿豆浆

材料

小米50克，红枣、熟花生各20克，白芝麻15克，红糖适量。

做法

❶ 将小米浸泡至软，淘洗干净。

❷ 将除红糖外的所有材料一同放入米糊机中，加入清水，制成米糊。

❸ 加入红糖调味即可。

营养小贴士 此款米糊可益气健脾，适合老年人秋季食用。

材料

莲藕50克，新鲜橘皮适量，蜂蜜少许。

做法

❶ 将莲藕洗净，去皮，切片；新鲜橘皮洗净，撕小片，备用。

❷ 将这两种材料一同放入榨汁机中，倒入半杯凉开水榨汁，调入蜂蜜即可饮用。

营养小贴士 此款蔬果汁可以提高身体免疫力。

红枣花生米糊（糊）

白露

橘皮莲藕蜜汁（汁）

255

秋分

秋分三候："一候雷始收声；二候蛰虫坯户；三候水始涸。"从这一天起，全国绝大部分地区雨季已经结束。北半球昼短夜长的现象将越来越明显，昼夜温差逐渐加大。

饮食原则

秋分时昼夜时间相等，因此人们在养生中也应本着阴阳平衡的规律，要尽量少食辛味食物，适当多食酸味甘润的食物。同时注意润肺生津、养阴清燥。

材料

黄豆60克，红枣30克，燕麦片适量。

做法

❶ 将黄豆用清水浸泡至软，淘洗干净；将红枣洗净，去核后切碎末。

❷ 将泡好的黄豆与燕麦片和红枣末一同倒入全自动豆浆机中，加入适量水制成豆浆即可。

燕麦红枣豆浆

营养小魔坊 此款豆浆可益气生津、补脾和胃。

材料

粳米、黄豆各40克，碎栗子、燕麦片各20克，鲜百合15克，蜂蜜适量。

做法

❶ 将粳米、黄豆分别浸泡至软；鲜百合洗净。

❷ 将除蜂蜜外的材料一同放入米糊机中，加入适量清水，制成米糊。

❸ 加入蜂蜜调味即可。

营养小魔方 此款米糊可以润肺生津、补养身体。

燕麦百合米糊（糊）

材料

桂圆60克，蜂蜜20毫升，冰块适量。

做法

❶ 将桂圆去壳，去核。

❷ 将做法❶中的桂圆肉与蜂蜜、凉开水一起放入榨汁机中榨汁，倒入放有冰块的杯中即可饮用。

营养小魔方 此款果汁具有暖身、健胃的作用，非常适合在此节气饮用。

桂圆蜂蜜汁（汁）

寒露

寒露三候："一候鸿雁来宾；二候雀入大水为蛤；三候菊有黄华。"寒露时节气温降得快，此时受冷高压的影响，昼暖夜凉。

饮食原则

　　此节气养生的重点是养阴防燥、润肺益胃，同时要避免过度耗散精气津液。另外，北方地区开始出现霜冻现象，东北地区甚至会出现雪天，所以，老年人应该做好保暖御寒的准备。

材料

黄豆50克，香蕉1/3根，可可粉、蜂蜜各适量。

做法

❶ 将黄豆浸泡至软，洗净；香蕉剥皮，切条。

❷ 将黄豆与香蕉条一同放入全自动豆浆机中，加入适量水制成豆浆。

❸ 趁热加入可可粉拌匀，加入蜂蜜调味即可。

香蕉可可豆浆

营养小魔坊 此款豆浆可生津止渴、润肺开胃。

材料

粳米、小米各40克，熟花生、熟黑芝麻各20克，鲜百合15克，去心莲子、核桃仁各25克，冰糖适量。

做法

❶将粳米、小米、莲子浸泡至软，淘洗干净。

❷将除冰糖外的所有材料放入米糊机中成米糊。

❸加冰糖搅拌至化开。

营养小磨坊 此款米糊可健脾益胃。

百合芝麻米糊

材料

雪梨2个，菠萝1/4个，蜂蜜适量。

做法

❶将雪梨去皮，去核，切小丁；菠萝洗净，去皮，切小丁。

❷将除蜂蜜外的全部材料一同放入榨汁机中榨汁后倒入杯中即可。

❸加入蜂蜜即可饮用。

营养小磨坊 此款果汁具有促进消化、强健身体的作用。

菠萝雪梨汁

霜降

霜降三候："一候豺乃祭兽；二候草木黄落；三候蛰虫咸俯。"霜降节气含有天气渐冷、开始降霜的意思。由于海拔和地形因素，在华南南部河谷地带，要到隆冬时节才能见霜。

饮食原则

霜降是脾胃病的高发时节，特别是溃疡患者更易复发旧疾，因此这个时节应格外注意调理脾胃。饮食上应该注意平补，也就是"不凉不热"，多吃一些"性较和平、补而不燥、健脾养血"的食物。

材料

黄豆50克，粳米40克，莲藕25克，绿豆20克。

做法

❶将黄豆用清水浸泡至软后洗净；绿豆淘洗干净，用清水浸泡4～6小时；粳米淘洗干净；莲藕去皮、洗净、切丁。

❷将泡好的黄豆和粳米、绿豆、莲藕丁一同倒入全自动豆浆机中，加适量水制成豆浆即可。

粳米莲藕豆浆

材料

粳米、黄豆各50克，燕麦片25克，鳝鱼40克，蘑菇30克，盐适量。

做法

❶ 将粳米、黄豆分别浸泡至软，淘洗干净；鳝鱼剔小刺，切丁。

❷ 将除盐外的所有材料放入米糊机中，加水制成米糊，加入盐调味即可。

营养小磨坊 此款米糊益于脾胃，适合脾虚者食用。

蘑菇鳝鱼米糊

材料

茄子、柠檬各50克，姜末10克，蜂蜜10毫升。

做法

❶ 将茄子去皮，切块；柠檬去皮，去核，切片。

❷ 将茄子块、姜末、柠檬片一起入榨汁机中榨汁。

❸ 将榨好的汁放入杯中，加蜂蜜调味即可。

营养小磨坊 此款蔬果汁可以补中润肺、通便解毒。

茄子柠檬汁

立冬

立冬三候："一候水始冰；二候地始冻；三候雉入大水为蜃。"此时，我国大部分地区降水显著减少。这时北方冷空气频频南侵，有时形成大风、降温并伴有雨雪的寒潮天气。

饮食原则

冬季对应的五脏为肾。此时肾的病理特点是阴阳均易亏虚。所以，冬季应注意积蓄阴气、潜藏阳气、闭藏肾气，这样可以使肾脏功能保持正常，以适应冬季的气候变化。

材料

黄豆50克，高粱、玉米、红枣各20克，蜂蜜适量。

做法

❶将黄豆用清水浸泡至软，洗净；高粱、玉米分别淘洗干净，用清水浸泡2小时；红枣切碎末。

❷把做法❶中材料一同倒入全自动豆浆机中，加入适量水制成豆浆。

❸将豆浆凉至温热，加入蜂蜜调味即可。

高粱玉米红枣豆浆

材料

粳米、糯米各50克，胡萝卜30克，去核红枣5颗，枸杞子10克，生姜3片。

做法

❶ 将粳米、糯米分别浸泡至软；胡萝卜洗净，切丁；生姜切末。

❷ 将所有材料一同放入米糊机中，加适量清水，制成米糊。

营养小魔坊 此款米糊可增强体力、防寒保暖。

红枣萝卜米糊

材料

柚子200克，柠檬100克，生姜少许，蜂蜜2小匙。

做法

❶ 将柠檬、柚子分别去皮，去核，切块。

❷ 将除蜂蜜外的所有材料及大半杯温开水放入榨汁机中榨汁，把汁倒入容器中，加入蜂蜜调味。

营养小魔坊 此款柚子柠檬姜汁有预防感冒、增强免疫力的作用。

柚子柠檬姜汁

263

小雪

小雪三候："一候虹藏不见；二候天气上升地气下降；三候闭塞而成冬"。小雪时节气温下降，大气层温度逐渐降到0℃以下，我国东部会出现大范围大风降温天气。

饮食原则

小雪时节天气时常阴冷晦暗，人体也易受天气影响。孙思邈在《千金要方》中说："食能祛邪而安脏腑，悦神，爽志，以资气血。"因此，此时的饮食调养重在"使神悦，使志爽"。

材料

黄豆100克，饴糖50克。

做法

❶ 将黄豆加入清水浸泡至软，捞出洗净。

❷ 将泡好的黄豆放入全自动豆浆机中，加入适量水打成豆浆。

❸ 将豆浆过滤，放入饴糖搅匀即可。

营养小窍门 此款豆浆营养丰富，可提供热量，具有补虚益阴、养心益肺的作用。

饴糖补虚豆浆

材料

粳米、小米各50克，生姜3片，鸡蛋1个，豆腐块少许，盐适量。

做法

❶ 将粳米、小米分别浸泡至软，淘洗干净；生姜切末；鸡蛋打散。

❷ 将除盐外的所有材料放入米糊机中制成米糊。

❸ 加盐调味即可。

营养小魔坊 此款米糊可以安神、增强体力。

鸡蛋豆腐米糊

材料

核桃、腰果各50克，椰奶200毫升，白糖适量。

做法

❶ 将核桃敲碎，取核桃仁；腰果洗净。

❷ 将核桃仁与腰果一起磨成粉状。

❸ 将做法❷中制成的粉与白糖、椰奶一起放入榨汁机中，搅匀即可饮用。

营养小魔坊 此款果汁可以增强体质、预防疾病。

腰果核桃奶汁

大雪

大雪三候："一候鹖鴠不鸣；二候虎始交；三候荔挺出。"此时的雨雪天气往往范围广，我国大部分地区的最低温度都降到了0℃或0℃以下。

饮食原则

大雪时节天气寒冷，可以多进补一些具有温补作用的食物，以促进血液循环，达到养肾祛寒、强健身体的目的。另外，还要多食富含蛋白质和维生素的食物，以提高身体免疫力。

材料

黄豆50克，高粱、小米各25克，冰糖适量。

做法

❶ 将黄豆、高粱、小米分别浸泡至软，淘洗干净，备用。

❷ 将泡好的黄豆、小米和高粱一同倒入全自动豆浆机中，加入适量水制成豆浆，加冰糖调味即可。

营养小魔坊 此款豆浆可健脾利胃、提高身体抵抗力。

高粱小米豆浆

材料

粳米、小米各40克，枸杞子15克，香蕉1根，山药30克。

做法

❶ 将粳米、小米分别浸泡洗净；枸杞子洗净；香蕉切段；山药切丁。

❷ 将所有材料一同放入豆浆机中，加入适量清水，制成米糊即可。

(营养小魔方) 此款米糊可补肾壮阳。

香蕉山药米糊

材料

生姜2片，柠檬1个，蜂蜜半小匙。

做法

❶ 将柠檬去皮，去核，切块；生姜洗净，切碎末。

❷ 将柠檬块、生姜末、蜂蜜及适量温开水一起放入榨汁机中，榨汁即可。

(营养小魔方) 此款果汁富含维生素C，具有抗菌消炎、增强免疫力等多种功效。

柠檬姜蜜汁

267

冬至

冬至三候："一候蚯蚓结；二候麋角解；三候水泉动。"冬至日虽然太阳高度最低，日照时间最短，但地面吸收的热量比散失的热量要多一些。

饮食原则

冬至是进补的最佳时期。我们在此时应进食一些滋补、营养的食物，使身体得到滋养。但是切不可盲目吃大量的滋补品，一定要因人而异，辨证施食，这样才能有效地进补，从而保养身体。

材料

黄豆50克，燕麦30克，熟黑芝麻10克，冰糖适量。

做法

❶ 将黄豆用清水浸泡至软后洗净；燕麦淘洗干净后用清水浸泡2小时；熟黑芝麻碾成末。

❷ 将泡好的黄豆、燕麦和熟黑芝麻末一同放入全自动豆浆机中制成豆浆。

❸ 将豆浆过滤，加冰糖调味即可。

燕麦黑芝麻豆浆

材料

粳米、糯米各50克，桂圆肉、苹果、白糖各适量。

做法

❶ 将粳米、糯米泡软，淘洗干净；苹果洗净，去皮，去心，切丁。

❷ 将除白糖外的材料一同放入米糊机中，加入适量清水，制成米糊。

❸ 加入白糖调味即可。

（营养小魔坊）此款米糊具有温补的作用。

苹果桂圆米糊（糊）

材料

菠萝1个，胡萝卜半根，苹果块、芹菜段各50克，柠檬汁40克，冰糖少许。

做法

❶ 将菠萝、胡萝卜去皮，切块。

❷ 将除柠檬汁、冰糖外的材料一同放入榨汁机中榨汁，加柠檬汁、冰糖调匀即可。

（营养小魔坊）此款蔬果汁富含维生素C，可提高免疫力。

胡萝卜菠萝汁（汁）

小寒

小寒三候："一候雁北乡，二候鹊始巢，三候雉始鸲。"此时，我国大部分地区已进入严寒时期，土壤冻结，河流封冻，北方冷空气不断南下，天气十分寒冷，此时要注意保暖。

饮食原则

寒为冬季的主气，小寒又是一年中最冷的节气之一。寒为阴邪，易伤人体阳气。因此，小寒时节的养生主要以温热驱寒为主。我们要进食一些温热食物来补充能量，提高身体免疫力。

材料

黄豆、小米各40克，鲜百合、葡萄干各15克。

做法

❶ 将黄豆、小米用清水浸泡至软，淘洗干净；鲜百合择洗干净，分瓣。

❷ 将全部材料一同倒入全自动豆浆机中，加入适量水制成豆浆即可。

营养小魔方 此款豆浆富含丰富的营养可补肝肾、益气血对人体益处很大。

百合小米豆浆

材料

粳米、小米各40克，去心莲子、枸杞子各15克，去核红枣6颗，木瓜60克。

做法

❶ 将粳米、小米、去心莲子分别浸泡至软，淘洗干净；木瓜切丁。

❷ 将所有材料一同放入米糊机中，加入适量清水，制成米糊即可。

营养小贴士 此款米糊可暖身驱寒。

红枣木瓜米糊

材料

李子3个，牛奶300毫升，蜂蜜1小匙。

做法

❶ 将李子洗净，去皮，去核，切块。

❷ 将李子块和牛奶一同放入榨汁机中榨汁，倒入杯中，最后加入蜂蜜调味即可。

营养小贴士 李子与牛奶搭配，可补充大量营养，还可提高免疫力。

李子牛奶汁

大寒

大寒三候："一候鸡始乳；二候鸷鸟厉疾；三候水泽腹坚。"大寒，天气寒冷到极点的意思。这时寒潮南下频繁，是我国大部分地区一年中的寒冷时期。

饮食原则

大寒自古以来就是人们最重视的进补时节，因为天气寒冷，万物伏藏。人与天地相应，各种功能也处于低潮期，此时最容易感受寒邪。所以此时食补应注意选择益气补阳之品。

材料

黄豆60克，红枣末、花生各15克，冰糖适量。

做法

❶ 将花生洗净备用。

❷ 将黄豆、红枣末和花生倒入全自动豆浆机中，加水制成豆浆。

❸ 将豆浆过滤，加冰糖调味即可。

营养小厨房 此款豆浆富含营养元素，可健脾益胃、益气养血、补虚健体。

红枣花生豆浆

材料

粳米80克，黑木耳30克，猪血块50克，胡萝卜丁、生姜末、盐各适量。

做法

❶ 将粳米泡软，淘洗干净；猪血块洗净，切丁。

❷ 将除盐外的材料一同放入米糊机中，加入适量清水，制成米糊。

❸ 加入盐调味即可。

营养小贴士 此款米糊可增强体力、益气补阳。

木耳萝卜米糊

材料

猕猴桃、菠萝、苹果各半个，木瓜块100克，蜂蜜少许。

做法

❶ 将猕猴桃、菠萝去皮，切块；苹果去皮切块。

❷ 将除蜂蜜外的所有材料与水一同放入榨汁机中榨汁。

❸ 加入蜂蜜调匀即可。

营养小贴士 此款果汁具有提高免疫力的作用。

木瓜猕猴桃汁

第六篇

营养饮品也分年龄和时期

健康饮品益于各年龄段

儿童期

儿童期膳食营养十分重要，如果营养供给不能满足身体需要，有可能造成儿童身体的营养失衡。另外，如果儿童摄入热量不足，会影响生长发育和学习。

饮食原则

在儿童饮食中，要补充足够的膳食纤维、热量、蛋白质等，可让儿童适量吃些坚果类零食，以补充营养，而且咀嚼坚果的过程有利于咀嚼肌发育。

材料

黄豆60克，腰果2克，莲子、栗子、薏米、冰糖各适量。

做法

❶ 将黄豆、莲子、薏米分别加水泡至软，捞出洗净；腰果洗净，栗子去皮洗净，均泡软。

❷ 将除冰糖外的材料放入全自动豆浆机中，再加入适量清水制成豆浆，加入适量冰糖调味即可。

干果滋补豆浆

材料

粳米50克，熟花生、核桃仁各15克，绿豆、红豆各20克，去核红枣、枸杞子各10克，熟黑芝麻5克。

做法

❶将粳米、绿豆、红豆分别浸泡至软，洗净。

❷将所有材料一同放入米糊机中，加适量清水，制成米糊即可。

营养小魔方 此款米糊有利于儿童智力发育。

花生绿豆米糊

材料

梨半个，草莓5颗，鸡蛋（取蛋黄）1个，牛奶100毫升。

做法

❶将草莓去蒂，洗净，切块；梨洗净切块。

❷将梨块、草莓块与蛋黄及适量凉开水一同放入榨汁机中榨汁，加入纯牛奶，搅打均匀即可。

营养小魔方 此款果汁有助于提高儿童食欲。

草莓鸡蛋奶汁

青春期

青春期是长身体、长知识的黄金时期，人体全身各部位、各器官在这个时期逐渐发育成熟。生长速度、性成熟程度、学习能力、劳动效率都与营养状况有极为密切的关系。

饮食原则

　　人体在青春期对蛋白质的需求尤为突出，因此这个时期的孩子应该多摄入一些碳水化合物和蛋白质。这样才能保证其正常生长发育，另外，补充多种维生素，对增强青少年体质和记忆力也有好处。

材料

黄豆20克，莲子50克，花生30克，冰糖10克。

做法

❶黄豆、莲子、花生分别加水泡至发软，捞出洗净；莲子去心、切丁；冰糖捣碎。

❷将莲子丁、黄豆、花生放入全自动豆浆机中，加入适量水制成豆浆。

❸将豆浆过滤，加入冰糖调味即可。

莲子花生豆浆

材料

粳米50克，牛奶200毫升，熟花生、核桃仁各少许，白糖适量。

做法

❶ 将粳米浸泡至软洗净。

❷ 将除白糖外的所有材料一同放入米糊机中，加入清水，制成米糊。

❸ 根据个人喜好加入白糖调味即可。

营养小魔方 此款米糊有利于增强活力，增强抵抗力。

材料

酸奶1大杯，香蕉1根，豆粉1大匙。

做法

❶ 将香蕉去皮后切成小块，与豆粉、酸奶一同放入榨汁机中。

❷ 先加入200毫升温开水榨汁，再加入100毫升温开水打匀即可。

营养小魔方 此款果汁具有排除体内毒素的作用，可助青春期人群健康发育。

青年期

青年期的男女由于工作压力过大往往不是特别注意合理安排饮食，时常会受到营养过剩和营养缺乏的双重困扰。长此以往，就容易出现各种身体不适症状，因此，饮食方面要采用清淡为主。

饮食原则

为了能更好地改善体质、提高工作效率，青年期男女在平时生活中要注意合理安排饮食，多进食可以提高身体免疫力以及养心安神的食物。另外，在闲暇时间，还要注意多运动，防止身体过快衰老。

材料

黄豆60克，黄芪25克，粳米20克，蜂蜜10克。

做法

❶将黄豆浸泡至软，洗净；粳米淘洗干净；黄芪洗净，煎汁备用。

❷将黄豆、粳米一同倒入全自动豆浆机中，淋入黄芪煎汁，再加适量清水制成豆浆。

❸将豆浆过滤后凉至温热，加蜂蜜调味即可。

黄豆黄芪粳米豆浆

材料

粳米、绿豆各40克，鲜玉米粒15克，白糖适量。

做法

❶ 将粳米、绿豆分别浸泡至软，淘洗干净；玉米粒洗净。

❷ 将粳米、绿豆、玉米粒一同放入米糊机中，加入清水，制成米糊。

❸ 加入白糖调味即可。

营养小窍访 此款米糊可以清热，非常适合青年人饮用。

玉米绿豆米糊（糊）

材料

西红柿2个，苏打水半杯，柠檬汁1小匙。

做法

❶ 将西红柿去蒂，洗净，切成适当大小的块，放入榨汁机中榨汁。

❷ 将苏打水、柠檬汁倒入做法❶的西红柿汁中搅匀即可。

营养小窍访 此款蔬果汁可以美白皮肤，适合压力较大、精神疲倦的青年人饮用。

西红柿柠檬汁（汁）

中年期

中年期处于充满活力的青年阶段和转向衰老的老年阶段之间。这一时期人的体质、身体功能逐渐衰退，细胞再生能力、免疫功能和内分泌功能逐渐下降，一些内脏器官功能也随之减弱。

饮食原则

人到中年，膳食要以清淡为主，不宜每天大鱼大肉，否则对身体有害无益。平日里应多食富含维生素的食物，这样可以有效缓解骨质疏松、高胆固醇等症状，还可以促进人体对铁的吸收。

材料

黄豆50克，木瓜20克，银耳10克，冰糖适量。

做法

❶ 将黄豆用清水浸泡至软，洗净；木瓜去皮切块；银耳洗净后撕块。

❷ 将泡好的黄豆和木瓜块、银耳块一同放入全自动豆浆机中，加入适量水制成豆浆。

❸ 将豆浆过滤，加冰糖调味即可。

木瓜银耳豆浆

材料

小米、红豆各40克，玉米粒、核桃、红糖各适量。

做法

❶ 将小米、红豆分别浸泡至软，淘洗干净；玉米粒洗净；核桃去壳。

❷ 将除红糖外的所有材料一同放入米糊机中，加入清水，制成米糊。

❸ 加入红糖调味即可。

营养小魔坊 此款米糊具有增强体力的作用。

红豆核桃米糊

材料

菠萝1/4个，橙1个，核桃仁10克。

做法

❶ 将菠萝去皮，切块；橙去皮，去核，切片。

❷ 将核桃仁捣碎。

❸ 将所有材料放入榨汁机中加入适量的凉开水，搅打均匀即可饮用。

营养小魔坊 此款果汁富含丰富的营养，有润肠通便、抗氧化的作用。

菠萝橙汁

更年期

更年期女性由于卵巢功能减退、垂体功能亢进、分泌过多促性腺激素，很容易出现面色潮红、心悸、失眠、乏力、抑郁、易激动、注意力难集中等情况。

饮食原则

更年期女性应高度重视对钙的摄取，膳食以清淡低脂为原则，应选择植物油代替动物油，多吃蔬菜、水果。体育锻炼对于这一时期的女性也是必不可少的，它可以保持骨骼、韧带的弹性和力量。

材料

黄豆200克，绿茶100克。

做法

❶ 将黄豆用清水浸泡至软，淘洗干净；绿茶茶叶泡开。

❷ 将泡好的黄豆和绿茶一同放入全自动豆浆机中，加入水制成豆浆。

绿茶豆浆

营养小磨坊 此款豆浆具有排毒养颜、延缓衰老的作用，适合更年期女性饮用。

材料

黄豆50克，糙米、黑米各30克，白糖适量。

做法

❶ 将黄豆、糙米、黑米浸泡至软，淘洗干净。

❷ 将除白糖外的材料一同放入米糊机中，加适量清水，制成米糊。

❸ 加入白糖即可。

营养小魔坊 此款米糊含有丰富的蛋白质和钙元素，适合更年期人群食用。

材料

甘蔗、圆白菜各20克，黄瓜块10克，蜂蜜半小匙。

做法

❶ 将甘蔗去皮，切块；圆白菜洗净，切丝。

❷ 将甘蔗块、黄瓜块和圆白菜丝一起放入榨汁机中榨汁，再加入蜂蜜及适量凉开水，搅打均匀即可。

营养小魔坊 此款蔬果汁有改善更年期贫血的作用。

老年期

老年人的体质比较虚弱，抵抗力差，肠胃功能开始减退，牙齿也开始脱落，咀嚼功能受到很大的影响。另外，老年人的心理也有所变化。

饮食原则

饮食上要满足身体对各项营养的需求。老年人可以根据自己的身体情况，选择适合自己的饮食，以增强身体对疾病的抵抗能力，尤其要多吃含有膳食纤维并具有滑肠通便作用的食物，如小米、玉米等。

材料

黄豆100克，姜50克，葡萄干适量。

做法

❶ 将黄豆用清水泡发洗净；姜洗净切片，放入榨汁机中榨汁；葡萄干洗净，备用。

❷ 将全部材料一同放入豆浆机中，加入适量的清水，制成豆浆后取出即可饮用。

葡萄干姜汁豆浆

材料

糯米、栗子各40克，去核红枣5颗，冰糖适量。

做法

❶ 将糯米浸泡至软，淘洗干净；栗子去壳，去皮，取肉切丁。

❷ 将糯米、栗子丁和去核红枣一同入米糊机中，加入清水，制成米糊。

❸ 加入冰糖即可食用。

营养小窍门 此款米糊可以滋补脾肾、延年益寿。

红枣糯米米糊

材料

柑橘、番石榴丁各100克，炼乳、薄荷各适量。

做法

❶ 将薄荷洗净，控水。

❷ 将洗净的薄荷与柑橘、番石榴丁一同放入榨汁机中，加入炼乳与适量凉开水，榨成汁后再加100毫升凉开水打匀。

营养小窍门 此款果汁可增加皮肤弹性、延缓衰老。

柑橘番石榴汁

健康饮品保养各族人群

上班族

上班族常缺乏运动，身体免疫力普遍下降，易发生慢性消化系统疾病及肥胖症。若血管壁上淤积大量脂类，会导致身体供血不足，加速疾病的发生。

上班一族要坚持运动，以防止脂肪过分堆积，在饮食上，要注意补充营养，以提高身体免疫力，避免食用脂肪含量过高的食物。

材料

黄豆50克，小米30克，鲜百合、葡萄干各适量。

做法

❶将黄豆用清水浸泡至软，洗净；小米淘洗干净，用清水浸泡2小时；鲜百合择洗干净，分瓣。

❷将黄豆、小米、鲜百合、葡萄干一同倒入全自动豆浆机中，加入适量水制成豆浆即可。

百合葡萄干豆浆

薏米红豆米糊

材料

粳米、薏米各50克，红豆40克，白糖适量。

做法

❶ 将粳米、薏米、红豆分别浸泡至软，洗净。

❷ 将泡好的粳米、薏米和红豆一同放入米糊机中，加入适量清水，制成米糊。

❸ 加入白糖调味即可。

（营养小磨坊）此款米糊可清热祛火，适合上班族饮用。

苹果胡萝卜汁

材料

莴笋片200克，胡萝卜1根，苹果1个，蜂蜜、柠檬汁各1大匙。

做法

❶ 将胡萝卜洗净，去皮，切块；苹果去皮，去核，切块。

❷ 将蔬果放入榨汁机中榨成汁，并加入蜂蜜和柠檬汁调味即可。

（营养小磨坊）此款蔬果汁可调节情绪，使精力充沛。

野外族

野外族经常受到紫外线的照射，而且还会经常接触粉尘。长期或大量吸入粉尘，会诱发多种疾病，如呼吸系统疾病，或出现湿疹、偏头痛等症状。

饮食原则

野外族要注意提高身体抵抗力，做到防晒护肤以隔离紫外线，还要防蚊虫叮咬等。另外，在饮食上要增加营养，以确保身体健康。

材料

黄豆60克，核桃仁40克，蜂蜜适量。

做法

❶ 将黄豆浸泡至软，洗净；核桃仁碾成末。

❷ 将泡好的黄豆和核桃仁末一同倒入全自动豆浆机中，加入适量清水制成豆浆。

❸ 将豆浆凉至温热，再淋入适量蜂蜜调味后即可饮用。

蜂蜜核桃仁豆浆

材料

粳米50克，绿豆、胡萝卜各30克，白糖适量。

做法

❶ 将粳米、绿豆分别浸泡至软，淘洗干净；胡萝卜洗净，去皮，切丁。

❷ 将粳米、绿豆和胡萝卜丁一同入米糊机中，加入适量清水，制成米糊。

❸ 加入白糖调味即可。

营养小厨坊 此款米糊营养丰富，有补脾、和胃的功效。

红绿甜米糊

材料

雪梨1个，香蕉块100克，生菜200克，蜂蜜20克，冰块少许。

做法

❶ 将蔬果材料放入榨汁机内榨成汁。

❷ 将蔬果汁倒入杯中，加适量蜂蜜混合均匀，再加入适量冰块即可。

营养小厨坊 此款蔬果汁可改善皮肤干燥状况，令肌肤润滑，适合女性食用。

雪梨香蕉汁

夜猫族

虽然成为夜猫族的人各有不同原因，但他们却有一些共同的特征：脸色黯淡无光、皮肤粗糙、精神委靡不振等。有些人从事昼夜倒班的工作，其身体的疲倦现象则更加明显。

饮食原则

如果熬夜成为一种不得已的选择，那么夜猫族就要注意加强营养了，可以选择富含蛋白质、维生素等营养的食物，如牛奶等。另外，夜猫族还应在起居、运动等方面加以调节。

材料

黑豆60克，黑米、花生、黑芝麻、白糖各适量。

做法

❶ 将黑豆浸泡至软，洗净；黑米洗净，浸泡2小时；花生洗净；黑芝麻洗净后沥干水分，擀成末。

❷ 把泡好的黑豆、黑米、花生和黑芝麻末一同倒入全自动豆浆机中，加入适量水制成豆浆，加白糖调味即可。

黑芝麻黑米豆浆

材料

粳米、糙米各50克，乌梅5颗，白糖适量。

做法

❶ 将粳米、糙米分别浸泡至软，淘洗干净；乌梅泡软去核，切碎。

❷ 将泡好的粳米、糙米和乌梅一同入米糊机中，加入清水，制成米糊。

❸ 加入白糖调味即可。

（营养小魔坊）此款米糊可以缓解熬夜带来的精神疲惫感。

乌梅糙米糊

材料

西兰花50克，胡萝卜半根，茴香少许。

做法

❶ 将胡萝卜洗净，去皮，切块；西兰花切碎。

❷ 将西兰花、胡萝卜块与茴香一起入榨汁机中，加入水榨汁即可饮用。

（营养小魔坊）此款蔬果汁有利于改善皮肤黯沉、干涩等问题，还可以缓解黑眼圈等熬夜症状。

西兰花胡萝卜汁

应酬族

有些人尤其是男性，经常外出喝酒、吃饭，而且每逢酒局必酩酊大醉，每逢饭局必大吃特吃。长期烟酒过量、饮食不规律会导致各种慢性疾病，并使人体的抵抗力下降。

饮食原则

补充足够的营养很重要，但还应时常替换进食一些清淡、易消化的食物，以防止肠胃不适等情况。另外，还要坚持锻炼，提高身体免疫力，从而能够改善应酬带来的各种不适。

材料

黄豆60克，花生、腰果各20克。

做法

❶ 将黄豆用清水浸泡至软，洗净；花生洗净；腰果碾碎。

❷ 将全部材料一同倒入全自动豆浆机中，加入适量水制成豆浆即可。

营养小磨坊 此款豆浆具有补充体力、缓解身体疲劳和脑疲劳的作用。

花生腰果豆浆

材料

粳米、黑米各50克，核桃3个，红糖适量。

做法

❶ 将粳米、黑米分别浸泡至软，淘洗干净；核桃去壳，取仁，捣碎。

❷ 将粳米、黑米和核桃仁碎一同放入米糊机中，加入清水，制成米糊。

❸ 加入红糖调味即可。

（营养小窍门）此款米糊可以缓解体虚、气短等症状。

二米核桃米糊

材料

木瓜块、柑橘块各100克，草莓3颗，熟蛋黄1个，炼乳1大匙。

做法

❶ 将草莓去蒂，洗净，切块，备用。

❷ 将所有材料一起倒入榨汁机中，加入200毫升凉开水打成汁。

❸ 加凉开水打匀即可。

（营养小窍门）此款果汁具有促进消化、排除毒素的作用。

木瓜草莓乳汁

饮酒族

由于工作等原因，有些人经常饮酒，加上饮食过于肥甘厚腻，容易患上脂肪肝。嗜酒者情绪易激动，爱乱发脾气，自制力不佳，对外界刺激敏感，容易出现暴力行为等。

饮食原则

饮酒是一些人生活中不可缺少的一部分，但是酒精会伤害肝脏，导致高血压等疾病，最好进食一些有益肝脏健康的食物。另外，还应该食用绿色蔬菜和水果，以防止体内维生素C缺乏等。

材料

黄豆40克，糯米25克，熟黑芝麻、杏仁各适量。

做法

❶ 将黄豆用清水浸泡至软，洗净；糯米淘洗干净，用清水浸泡2小时；熟黑芝麻、杏仁分别碾成碎末。

❷ 将全部材料一同倒入全自动豆浆机中，加入适量水制成豆浆即可。

黑芝麻杏仁糯米浆

材料

粳米、糙米各50克，鲜猪肝丁50克，牛奶200毫升，白糖适量。

做法

❶将粳米、糙米分别浸泡至软，淘洗干净。

❷将除白糖外的所有材料一同放入米糊机中，加入清水，制成米糊。

❸加入白糖调味即可。

牛奶二米糊

糊

营养小魔方 此款米糊可以解酒、保护身体。

材料

橘瓣100克，碎冰适量，蜂蜜、柠檬汁各2小匙。

做法

❶将橘瓣去核后放入榨汁机中，加入碎冰一起搅打均匀。

❷然后倒入杯中，再加入蜂蜜、柠檬汁调匀即可饮用。

柑橘柠檬蜜汁

汁

营养小魔方 此款果汁具有缓解压力、稳定情绪的作用，非常适合饮酒者饮用。

电脑族

很多电脑族都因为长期使用电脑，而使得眼睛发红、视物模糊，有的电脑族因为过度重复使用双手、双臂、双肩，使这些部位的肌肉与肌腱系统超过负荷，而产生疼痛、麻木等症状。

饮食原则

电脑族要注意活动，要在长时间保持一种姿势后稍做一下活动，以缓解身体的僵硬感。另外，还要注意保护眼睛和抗辐射，可以进食一些对眼睛有利和有防辐射作用的食物。

材料

黄豆80克，金银花10克，冰糖适量。

做法

❶黄豆浸泡至软，洗净；金银花洗净。

❷将泡好的黄豆和金银花一同倒入全自动豆浆机中，加适量水制成豆浆。

❸将豆浆过滤，加入冰糖调味即可。

金银花豆浆

营养小磨坊 此款豆浆能保护眼睛，适合电脑族食用。

material

粳米100克，熟黑芝麻、海带、盐各适量。

做法

❶ 将粳米浸泡至软，淘洗干净；水发海带洗净，切丁。

❷ 将粳米、熟黑芝麻、海带丁放入米糊机中，加入清水，制成米糊。

❸ 加入盐调味即可。

营养小魔访 此款米糊可以减少电脑辐射带来的伤害。

材料

葡萄10颗，香蕉100克，酸奶150毫升，白糖适量。

做法

❶ 将葡萄去皮，去籽；香蕉切块。

❷ 将葡萄、香蕉块放入榨汁机中，加入酸奶搅打均匀即可。

❸ 最后加入白糖调味即可饮用。

营养小魔访 此款果汁具有活血养颜、防老抗衰的作用。

海带芝麻米糊（糊）

香蕉葡萄奶汁（汁）

电脑族

运动族

运动族经常体力消耗过大，而且身体还会缺水。长期运动会消耗体内的镁元素，而身体长期缺乏镁元素会出现疲劳、虚弱等症，甚至运动性昏厥、心脏痉挛等严重情况。

饮食原则

人体运动功能与镁元素有着密切的关系。因此，运动一族在日常生活中要注意补充镁元素，可以进食一些富含镁元素的食物，如玉米、高粱、黄豆、西兰花等食物。

材料

黄豆50克，榛子仁20克，白糖适量。

做法

❶ 将黄豆浸泡至软，淘洗干净，备用。

❷ 将黄豆和榛子仁一同放入全自动豆浆机中，加入适量水制成豆浆。

❸ 最后加白糖调味即可。

榛子仁黄豆浆

营养小贴士 此款豆浆具有补充营养、缓解运动带来的疲劳等作用。

材料

粳米100克，银耳30克，鲜百合、去心莲子各20克，红枣3颗，白糖适量。

做法

❶ 将粳米、莲子浸泡至软，洗净。

❷ 将除白糖外的材料一同放入米糊机中，加适量清水，制成米糊。

❸ 加入白糖即可。

百合红枣米糊

营养小魔方 此款米糊具有增强体力的作用。

材料

西兰花块、土豆片、洋葱片各适量，牛奶1杯，盐、胡椒各少许。

做法

❶ 将西兰花块、土豆片和洋葱片加入适量的水煮10分钟左右。

❷ 将所有材料连同做法❶中的汤汁一起入榨汁机中榨汁，倒入杯中即可。

西兰花葱奶汁

营养小魔方 此款蔬果汁可补充能量，缓解疲劳。

考试族

考试族由于精神和身体长期处于极度紧张的状况，因此会经常出现脑疲劳、精神高度紧张、睡眠不足、脱发、烦躁不安、长痘痘等情况，女性甚至还会出现月经不调等症状。

饮食原则

考试族应合理分配时间，避免长时间处于紧张的用脑状态，要在学习一段时间后合理休息，还要调整好自己的情绪，避免精神长期紧张。在饮食上，考试族要多吃新鲜蔬菜，以改善自身状况。

材料

黄豆70克，玉米渣25克，无籽葡萄干20克。

做法

❶ 将黄豆浸泡至软，淘洗干净；玉米渣淘洗干净；葡萄干用温水浸泡。

❷ 将所有材料一同倒入全自动豆浆机中，加入适量水制成豆浆即可。

葡萄干米豆浆

营养小窍门 此款豆浆具有补益气血的作用，适合考前营养补充之用。

材料

粳米100克，腰果、熟花生、核桃仁各20克，白糖适量。

做法

❶ 将粳米浸泡至软，淘洗干净。

❷ 将粳米、腰果、熟花生、核桃仁一同放入米糊机中，加水，制成米糊。

❸ 加入白糖调味即可。

营养小魔坊 此款米糊可以补脾益肾、增强体力。

花生核桃米糊（糊）

材料

熟毛豆仁200克，青椒1个，菠萝1/4个，牛奶200毫升。

做法

❶ 将青椒洗净，切块；菠萝去皮，切块。

❷ 将所有材料一同放入榨汁机中搅打成汁，倒入杯中即可。

营养小魔坊 此款蔬果汁有利于增强记忆力和提高智力，适合考试一族饮用。

毛豆青椒汁（汁）

久坐族

久坐族是指长期保持坐姿而很少活动的人群。久坐时身体健康不利，久坐族常常因血液流通不畅而发生水肿、脂肪堆积、精神恍惚等症状，长此以往还会引发多种慢性疾病，有损健康。

饮食原则

久坐族应该在饮食上多加注意，进食一些能够活血化瘀、安神醒脑、消脂降脂的蔬果，如香蕉、柑橘、柚子、橙等。另外，在空闲时间要注意稍微活动一下身体，以避免长时间保持坐姿而引起腿部水肿。

材料

黑豆60克，胡萝卜30克，冰糖适量。

做法

❶黑豆浸泡至软，淘洗干净；胡萝卜去皮切丁。

❷将做法❶材料倒入全自动豆浆机中，加入适量水制成豆浆。

❸将豆浆过滤后加冰糖调味即可。

营养小窍门 此款豆浆具有提高身体免疫力的作用。

胡萝卜黑豆浆